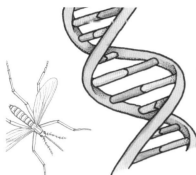
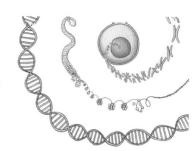

ヨローナ・リッジ 著
Yolanda Ridge

アレックス・ボーズマ 画
Alex Boersma

坪子理美 訳
Satomi Tsuboko

クリスパー

CRISPR
ってなんだろう？

14歳からわかる遺伝子編集の倫理

**CRISPR: A Powerful
Way to Change DNA**

化学同人

CRISPR
A POWERFUL WAY TO CHANGE DNA

Written By
Yolanda Ridge

Illustrated By
Alex Boersma

Original title: CRISPR: A POWERFUL WAY TO CHANGE DNA

Originally published in North America by: Annick Press Ltd.

Copyright ©2020, Yolanda Ridge (text)/ Alex Boersma (art)/Annick Press Ltd.

Japanese translation rights arranged with

Annick Press Ltd.

through Japan UNI Agency, Inc., Tokyo.

この本は，私が遺伝カウンセラーをしていたときの同僚たち，私の恩師たち，友人たち――

そして，社会における遺伝テクノロジーの利用指針を未来に向けてつくっていくみなさん――

その全員に捧げるものです．　　Y. R.〔ヨローナ・リッジ〕

私の両親，おばのカレン，そしてパートナーのニックに．

その愛と支援に感謝します．　　A. B.〔アレックス・ボーズマ〕

はじめに

　こんな世界を想像してみてください. だれも——みなさんのペットも——病気にかからない世界. みんながお腹を空かせなくてすむほどの食べ物を, 環境を破壊せず手に入れられる世界. 絶滅した動物たちのクローンが地上をふたたび自由に歩きまわる世界.

　こんな話, なんだかすごすぎて, ありえそうにないと思いますか?

　これがすべて (さらに, それ以上のことまで), CRISPR という技術のおかげで当たり前になるかもしれない——そう知ったら, みなさんは驚くかもしれませんね. CRISPR というのは, これまで絶対にありえなかった形で遺伝子を編集する力を人間に与えてくれるバイオテクノロジー〔生物や生命にかかわる技術〕です.

　この本では, 遺伝子編集によって, 病気を運ぶ蚊を滅ぼしたり, 毛だらけのマンモスを蘇らせたりすることのできるしくみについて考えていきます. 遺伝子編集で病気を治すだけでなく, 予防することもできるのはどうしてなのでしょうか. また, 気候変動に適応できて, 食物アレルギーを起こさず, しかも栄養いっぱいの食料をつくることもできるかもしれません (青汁より栄養があるチョコレートなんてどうでしょう? 欲しいですよね!). そのしくみについても紹介していきます.

　CRISPR は新しい技術で, 進歩を続けています. ですから, 遺伝子が編集された未来の世界での生活がどんなものになるのか, 予想するのは難しいものです. 未来の可能性は無限大で, 驚きでいっぱいです——ただ, ちょっと怖くもありますね. 人類はこれまで, 自分たちの暮らす惑星をあまりうまく手入れすることができませんでした. そんななかで, 私たちが命のネットワークをごちゃごちゃといじりはじめたらどうなってしまうのでしょう? あるいは, 進化の自然な流れを変えはじめたら? どの時点まで進んだら, 「人間である」ということの意味が変わってしまうのでしょうか?

　この本では, CRISPR の背景にある科学を掘り下げていくとともに, 遺伝子編集の長所と短所も探っていきます (いくつかの章の終わりにある, 「止まれ (Stop)」, 「すすめ (Go)」, 「徐行 (Yield)」の欄を見てみてください). そして, この技術がみなさんの生活にどんな影響を与える可能性があるのかを考えるために, いくつか質問をしていきます (「鋭い質問」の欄を参考にしてください). 社会はこの強力な技術を前に進めるべきなのでしょうか. 進めるべきではないのでしょうか. それとも, 注意しながら進めるべきなのでしょうか. それを決める役割が, そう遠くない未来に, 私たちひとりひとりに任されることになるでしょう.

目　次

はじめに   v

第 1 章　遺伝学の世界に飛びこもう   1

第 2 章　ゲノムを書きかえる   11

第 3 章　より良い血   21

第 4 章　突然変異体の蚊   35

第 5 章　がんは過去の病気?   49

第 6 章　完璧なじゃがいも   63

第 7 章　健康によい肉   77

第 8 章　死への勝利   87

第 9 章　強化された人間   99

第 10 章　未来に向き合う   111

訳者あとがき   117

参考文献   119

もっと詳しく知りたい人への読書・情報案内   125

索　引   127

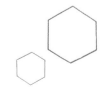

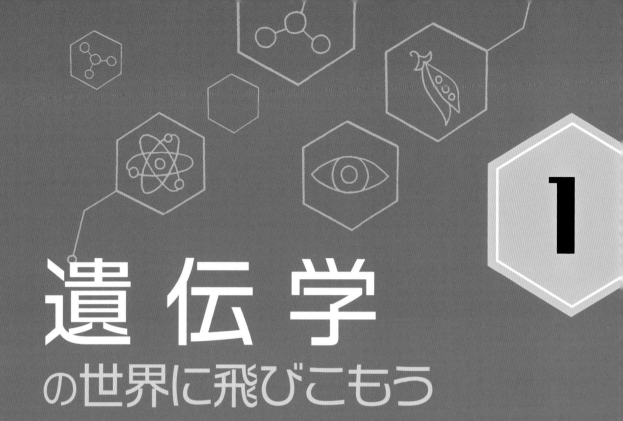

遺伝学
の世界に飛びこもう

　もっと健康な人たち．もっと栄養いっぱいの食料．生きものが絶滅しない世界．遺伝子編集でそんな未来を目指せることを私たちは知っています．でも，「何ができるのか」を知ることと「**どのように**できるのか」がわかることはまた別です．たとえば，遺伝子編集を使うと，だれかがある病気を受けつぐ可能性をどのように「削除する」ことができるのでしょうか？　あるいは，作物に対して，ある害虫への耐性をどのように「差しこむ」ことができるのでしょうか？　遺伝子編集のしくみを理解するためには，まずは遺伝子そのものがどんなふうにはたらいているかを理解する必要があります．

■ ゲノム──あなた専用の取扱説明書

はじめに，遺伝子がはたらくしくみを大まかにつかんでおきましょう．

生きものは──細菌から猿まで──みんな「ゲノム」をもっています．ゲノムというのは，とても細かく書かれた取扱説明書のようなものです．足のつま先のつくりかたから脳の組み立てかた（さらに，できた脳をどのようにはたらかせ続けるか）まで，みなさんひとりひとりの体にあらゆることを伝えるのは，ゲノムの説明書に並んだ指示なのです．それぞれの生きものの体がきちんとはたらけるように指示をだすだけでなく，その情報が世代を超えて受けわたされるときに間違いが起こらないようにするのもゲノムです．ゲノムはあなたの生みの両親にも似たような指示を与えましたし，もしあなたに子どもができることになれば，その子たちにも同じように，体のなかのいろん

なもののつくりかたや動かしかたを伝えてくれます．

生きものの種はひとつひとつ違った特徴をもっているため，ゲノムの中身も種によって違います（ただ，もしかするとその違い──たとえば，蚊のゲノムと象のゲノムのあいだの違い──は，みなさんが思っているより小さいかもしれません）．今はまず，私たちに一番かかわりの深い生きもののことを見ていきましょう．そう，人間です．

人間の体のほとんどの細胞は，分厚い取扱説明書のようなゲノムを丸ごと1つもっていて，それを細胞のなかの司令室（「核」といいます）に置いています．ちなみに推定では，平均的なサイズの人体は37兆2千億個の細胞でできているそうです（この数，見間違いではありませんよ．37,200,000,000,000個です）．ということは，体のなかには取扱説明書もすごくたくさんあるのですね！

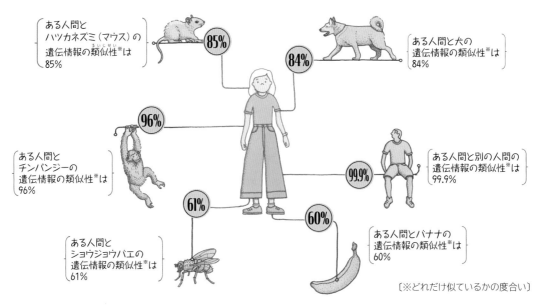

ある人間と
ハツカネズミ（マウス）の
遺伝情報の類似性※は
85%

85%

ある人間と犬の
遺伝情報の類似性※は
84%

84%

96%

ある人間と
チンパンジーの
遺伝情報の類似性※は
96%

99.9%

ある人間と別の人間の
遺伝情報の類似性※は
99.9%

61%

ある人間と
ショウジョウバエの
遺伝情報の類似性※は
61%

60%

ある人間とバナナの
遺伝情報の類似性※は
60%

〔※どれだけ似ているかの度合い〕

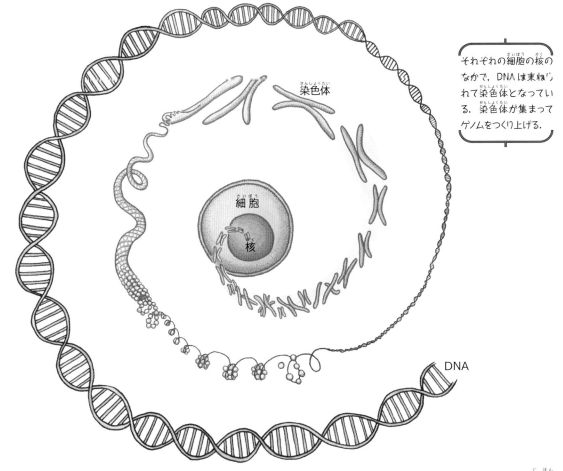

染色体

細胞

核

DNA

それぞれの細胞の核のなかで，DNAは束ねられて染色体となっている．染色体が集まってゲノムをつくり上げる．

■DNA

　ゲノムの取扱説明書は，私たちがふだんよく使う説明書とは違って，言葉ではなく**DNA**を使って書かれています．もし，あなたがゲノムをひもといて，とても高性能な顕微鏡で拡大しながらどこまでものぞきこんでいけば，やがてそのおもな材料がDNAだとわかるでしょう．

　では，DNAとは何でしょうか？　「DNA」は「デオキシリボ核酸〔**d**eoxyribo**n**ucleic **a**cid〕」の略です．この長い名前は，ヌクレオチド（nucleotide）という分子の連なった2本の長いひもでDNAがで

きていることを示しています．2本のひも（「二本鎖」ともいいます）はお互いにぐるぐると絡み合い，二重らせんとよばれる形をつくりだします．DNAをねじれたはしごだと考えると，ヌクレオチドが連なった二本鎖は，はしごを左右から支える2本の柱ということになります．そして，はしごの左右の柱をつなぐたくさんの段は，ひとつひとつのヌクレオチドに含まれる窒素**塩基**〔「核酸塩基」ともいいます〕が，向かい合わせになった二本鎖のあいだでペアを組む〔対になる〕ことによってできています．そのため，ヌクレオチドのペアはよく「**塩基対**」とよばれます．

遺伝学の世界に飛び込もう　**3**

英語の言葉を書くアルファベットは 26 種類あります．一方，DNA の塩基は A〔アデニン，**a**denine〕，T〔チミン，**t**hymine〕，C〔シトシン，**c**ytosine〕，G〔グアニン，**g**uanine〕の 4 種類です．DNA の二本鎖のなかでは，アデニンがチミンとペアを組み，シトシンがグアニンとペアを組みます．

　細胞のなかでは，ヌクレオチドの塩基が 3 個並んだものを 1 つのまとまり（「コドン」といいます）として読みとります．アルファベットを 3 文字並べて 1 つの英単語をつくるようなものです．この 3 文字ずつの単語が DNA の鎖の上に連なることで文ができ，その文が連なることでゲノムの取扱説明書ができているのです．

ヌクレオチド分子 1 個には，窒素塩基〔核酸塩基〕が 1 個含まれている．この塩基は，向かい側の DNA の鎖のなかにある塩基と結びついてペア〔塩基対〕をつくる．

塩基対

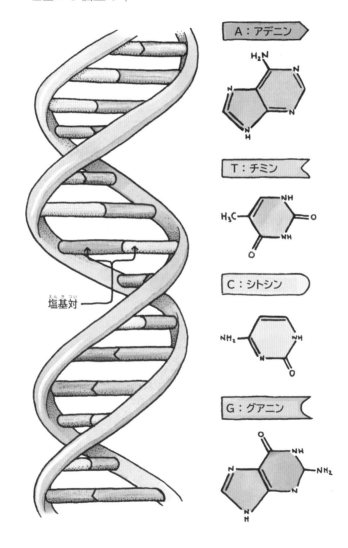

A：アデニン

T：チミン

C：シトシン

G：グアニン

① 取扱説明書をぱらぱらとめくって，つくりたいものを探します．たとえば，虹を組み立てるとしましょう．

② 組み立てかたの説明が始まるところに，「はじめ」を表す3文字の単語（コドン）があります．

③ 「はじめ」の直後には，最初にどのブロックを用意するかを伝える3文字の単語（コドン）があります．

④ 次に来る3文字の単語（コドン）が，そこに追加するブロックの大きさと形を表します．

⑤ こうして次つぎとブロックを加えていって……「おわり」を表す3文字の単語（コドン）がでてきたら，おしまいです．

⑥ さあ，虹ができました!

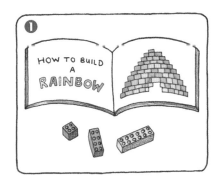

　コドンのしくみをつかむために，私たちのゲノムが「レゴ®ブロックでいろいろなものを組み立てるための説明書」だと考えてみましょう．上の図を見てください．

　もちろん，人間のゲノムが体に対して実際に説明するのは，虹の組み立てかたではありません．私たちが活動するのに欠かせない重要な説明を全部──物事を考える方法から，食べ物を消化する方法まで──，私たちのもつ37兆個の細胞に伝えているのです．

■遺伝子

では，「遺伝子」というものはいったいどこにあるのでしょう？　細胞のもつ取扱説明書の全体がゲノムだとすると，そのなかにある1つの説明文が遺伝子だといえるでしょう．1つの遺伝子が，ある1つのもの——1種類のタンパク質——のつくりかたを細胞に伝えます．

タンパク質をつくるときに，DNAの二本鎖は1本ずつに分かれ，そこに書かれている文章の中身が「メッセンジャー RNA（mRNA）」とよばれるものにコピーされます〔RNAは「リボ核酸（ribonucleic acid）」の略です．RNAはDNAとよく似た分子で，T（チミン）の代わりにU（ウラシル）という塩基を使います〕．mRNAにコピーされた3文字の単語の列は，その後，アミノ酸を使ってタンパク質を組み立てるのに使われ

ます．アミノ酸は元素周期表に載っている元素〔炭素，酸素，水素，窒素など〕でできたブロックのようなもので，いろいろな組合せで合体させることで，違った種類のタンパク質ができあがります．先ほどの例で，レゴブロックを使って虹を組み立てたのと似ていますね．

さて，虹というのはあくまで**たとえ話**です．虹はとくに何かの役に立つものではありません（あなたが空の写真にはまっていたり，虹の根元に埋まっているという，金の入った伝説の壺を探していたりするなら話は別ですが）．でも，タンパク質は違います．食べ物の消化（タンパク質でできたいろいろな酵素を使います）にも必要ですし，目の色（色素タンパク質の違い）や背の高さ（タンパク質でできたホルモンを通じた違い）といった特徴づくりまで，私たちの体のやることなすことすべてに必要です．

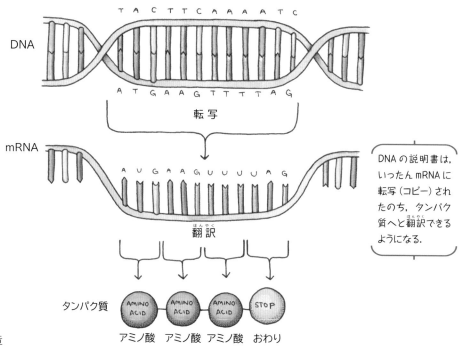

T A C T T C A A A A T C

DNA

A T G A A G T T T T A G

転写

mRNA

A U G A A G U U U U A G

翻訳

DNAの説明書は，いったんmRNAに転写（コピー）されたのち，タンパク質へと翻訳できるようになる．

タンパク質

AMINO ACID　AMINO ACID　AMINO ACID　STOP

アミノ酸　アミノ酸　アミノ酸　おわり

「遺伝学の父」

「遺伝学の父」とよばれるグレゴール・メンデルは，オーストリア人の修道士で，エンドウマメを育てるのが好きでした．科学者としても芽がではじめていたメンデルは，植物が違った特徴〔形質〕をもつのはなぜなのかに興味をもっていました．植物の背丈，形，色といった形質がどのように子孫に受けつがれるのかを調べるため，メンデルは植物の受粉〔花粉がめしべにつくこと〕を管理して，植物の「お母さん」たちと「お父さん」たちに「赤ちゃん」をつくらせました．

背の高い「お母さん」エンドウマメを，背の低い「お父さん」エンドウマメと交配させてみたところ，その結果はメンデルの予想とは違いました．生まれてきた「赤ちゃん」は中ぐらいの背になるのではなく，背が高くなったのです．実験を積み重ねるうちに，メンデルは背の高い形質が背の低い形質よりも優先的に表れる（「顕性」である）ことに気づきました．1850年代にこうした実験を通じてメンデルが発見した内容は，現在「顕性形質」と「潜性形質」についてわかっている知識の基礎となりました．

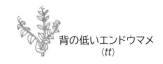

背の低いエンドウマメ
(*tt*)

背の高いエンドウマメ
(*TT*)

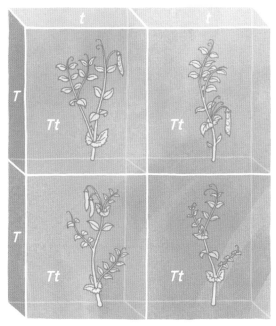

生まれてくる赤ちゃんたちはすべて背が高くなる

エンドウマメの背丈に影響する遺伝子には，*T*（高い）と*t*（低い）の2つの型がある．背の高いエンドウマメが*T*型遺伝子を両親から受けついで2つもつ場合（*TT*），次の世代には*T*型遺伝子を必ず1つ受けわたすことになる．また，背の低いエンドウマメが*t*型遺伝子を両親から受けついで2つもつ場合（*tt*），次の世代には*t*型遺伝子を必ず1つ受けわたすことになる．*T*型遺伝子は*t*型遺伝子に対して顕性なので，*TT*と*tt*のあいだに生まれたエンドウマメはどれも背が高くなる．

■染色体

DNA のなかには，塩基の文字が遺伝子の情報を指定する「コード領域」と，遺伝子どうしのあいだに挟まれた「非コード領域（ノンコーディング領域）」があります〔コード：暗号，記号，規則のこと〕．人間のDNA とその情報はすべて，染色体のなかに束ねられています．人間のゲノムは 46 本の染色体でできていて，2 本ずつの組〔全部で 23 組〕にグループ分けされています．

1 番目から 22 番目までの染色体（「常染色体」といいます．番号はわかりやすいように小さいものから順につけられています）の組は，よく似た染色体どうしが 2 本ずつペアになったものです．ただし，その2 本の中身は完全に同じではありません．たとえば，15 番染色体のペアにはどちらにも目の色にかかわる遺伝子が入っていますが，2 つのうち片方は茶色の目，もう片方は青い目をつくるよう指示する型かもしれません（10 ページ「私の目を見つめて」を参考にしてください）．

さて，23 番目の組（「性染色体」）は，必ずしも似たものどうしのペアとは限りません．女性の場合はX 染色体という性染色体を 2 本もち，常染色体

のペアと同じように性染色体のペアもよく似た染色体どうしになっています．一方，男性の性染色体は X染色体 1 本，Y 染色体 1 本で，大きさも中身もかなり違います．実をいうと，Y 染色体には男性の生殖器官をつくるのに必要なタンパク質の情報を伝える遺伝子しか入っていません．ですから，もしあなたがY 染色体をもっていたら，生物学的な意味では，あなたは男の子です．

なぜ私たちはそれぞれの染色体を 2 本ずつもっているのでしょうか？　その大きな理由は「遺伝」〔親から子どもに遺伝子や形質が受けわたされる現象〕です．それぞれの染色体のペアには，お母さんから受けついだ染色体が 1 本，お父さんから受けついだ染色体が1 本含まれています〔ここでの「お母さん」「お父さん」とは，子どもの元になる卵と精子をつくった人（遺伝上の親）のことです．実際にその子を育てている人（育ての親）と同じこともありますし，違うこともあります〕．

皮膚や脳などの細胞が分裂して新しい細胞を増やすとき，細胞は自分がもっているゲノムの取扱説明書の全部のページ（全部の染色体）をコピーして受けわたし，自分自身のクローン〔同じ遺伝情報をもっている細胞や生き物〕をつくります．しかし，生殖細胞が分裂して卵や精子をつくるときには，受けわたす

男性の細胞♂

女性の細胞♀

人間のすべての染色体がそろったセット．細胞の核のなかで1組ずつに分け，色をつけ，拡大した状態の図．

染色体の数を半分に減らします〔ペアになっている2本の染色体どうしで説明文の中身を少し交換してから，1本分だけを卵や精子に受けわたします〕．このような埴田

で，人間の子どもは両親のクローンではなく，**両親を組み合わせた存在**になっているのです．

さあこれで，私たちがなぜ半分は遺伝上のお母

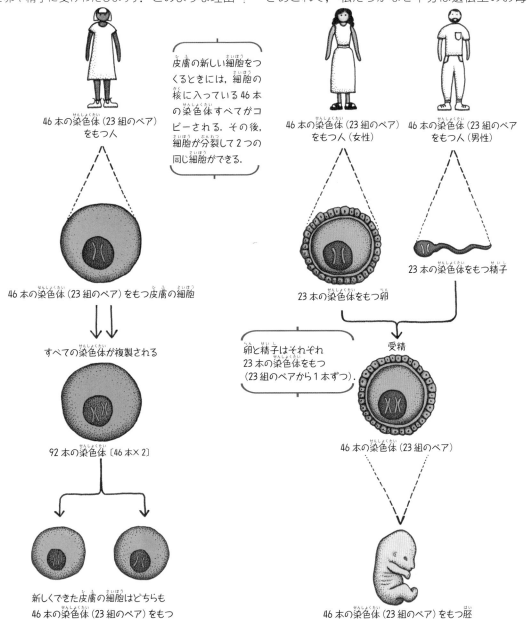

46 本の染色体 (23 組のペア) をもつ人

皮膚の新しい細胞をつくるときには，細胞の核に入っている46本の染色体すべてがコピーされる．その後，細胞が分裂して2つの同じ細胞ができる．

46 本の染色体 (23 組のペア) をもつ皮膚の細胞

すべての染色体が複製される

92 本の染色体〔46 本× 2〕

新しくできた皮膚の細胞はどちらも
46 本の染色体 (23 組のペア) をもつ

46 本の染色体 (23 組のペア) をもつ人 (女性)

46 本の染色体 (23 組のペア) をもつ人 (男性)

23 本の染色体をもつ精子

23 本の染色体をもつ卵

卵と精子はそれぞれ23 本の染色体をもつ（23 組のペアから1 本ずつ）．

受精

46 本の染色体 (23 組のペア)

46 本の染色体 (23 組のペア) をもつ胚

さんに似ていて，半分は遺伝上のお父さんに似ているのかわかりました（ただ，自分はどちらか片方によく似ている，と考えたい人もいるかもしれませんね）．また，DNAが遺伝子をつくりあげ，遺伝子が染色体をつくりあげ，染色体がゲノム全体をつくりあげ，それが私たちの発達や成長，活動に必要なタンパク質をつくりだすための取扱説明書のような役割を果たすしくみもわかりました．では，こうしたしくみがわかったところで，これから遺伝子編集という驚きの技術のことを探っていきましょう！

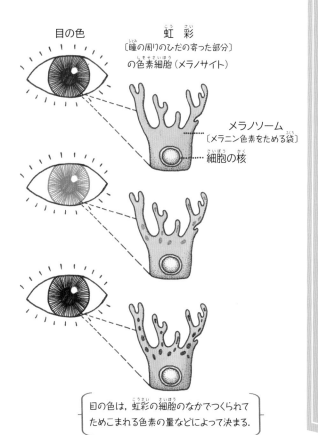

目の色

虹彩
〔瞳の周りのひだの寄った部分〕
の色素細胞（メラノサイト）

メラノソーム
〔メラニン色素をためる袋〕

細胞の核

目の色は，虹彩の細胞のなかでつくられてためこまれる色素の量などによって決まる．

私の目を見つめて

　親から子どもたちへと受けつがれる形質に遺伝子がかかわっていることを初めて見つけだした科学者たちは，目の色などの単純な特徴は1つの遺伝子だけで決まるのではないかと考えました．そして，グレゴール・メンデルがエンドウマメの背が「高い」形質を，背が「低い」形質よりも優先的に表れる（「顕性」である）と説明したように，目の色が茶色になる形質は，青や緑になる形質よりも優先的に表れると考えられました．

　ただ，その後，この考えは単純すぎたことがわかりました．今では，**目の色を決める遺伝子は何種類もある**ことが知られています．たとえば，いくつかの遺伝子は，虹彩のなかにある特別な細胞〔左側の絵に説明があります〕に色素をどれだけ多くつくるべきかを伝えます．目の色は，目の構造などの要素のほか，虹彩のなかでつくられてためこまれる色素の量によっても決まるのです．

　15番染色体には，目の色を決めるうえで大きな役割を果たす遺伝子が2つあります．この2つの遺伝子は同じ常染色体〔15番染色体〕の上にあって，お互いの居場所も近いので，たいていは卵や精子のなかにもいっしょに受けわたされます〔同じ常染色体の上にあっても，居場所の遠い遺伝子どうしは，卵や精子のなかに受けわたされるときに離ればなれになってしまうことがあります〕．目の青い両親から目の青い子どもたちが生まれやすいのはこれが理由です．でも，あなたの目が茶色で，生みの両親が2人とも青い目をしていたとしても，自分は生まれたときにほかの家の子と取り違えられたのだろうかと決めつけるのは禁物です．それは，目の色に関係するほかの遺伝子がはたらいた結果にすぎないからかもしれません．

ゲノムを書きかえる

　私たち人間にはゲノムという「取扱説明書」を変えたり並べかえたりする能力がありますが，その能力はとくに目新しいものではありません．私たちの遠い祖先が植物の栽培（野生の小麦の種を集めて植えるなど）や動物の家畜化（野生のヤギを飼いならすなど）を始めたときには，いくつかの性質をもとに，どの植物を育てるか，あるいはどの動物を飼うかを選んでいました．たとえば，ある小麦の茎がとても長く伸び，粒も丈夫だったために，嵐にも負けずに生き延びることができたとしましょう．その小麦の種はふたたび植えられて，次の収穫に向けて育てられたことでしょう．当時の農民たちは，次の世代の植物や動物へと受けわたしたい形質を選びだすことで，ほしい遺伝子をもつ生きものを（もしかしたら，自分たちでも気づかないうちに）つくりだしていたのです．

　近ごろは，遺伝子工学によってつくられた品物があちこちにあります．みなさんのたんすやクローゼットのなかにも，みなさんが行くスーパーマーケットや八百屋さんにも，みなさんの食べるシリアルの器のなかにも！　もし，朝ごはんにボウル1杯のコーンフレークを食べたり，お昼にサラダを食べたりしたら，そこに遺伝子組換え食品が含まれている可能性はかなりあります．砂糖の入っていないノンシュガーガムを噛んだり，コットン（綿）のTシャツを着たりすれば，遺伝子組換え製品に触れる可能性はさらに高くなります．

遺伝子工学の歴史

人間は何千年にもわたって生きものたちの遺伝情報をつくり変えてきました.
大きな変化の例をいくつか見ていきましょう.

1700 年代
選抜育種〔人間にとって都合のよい形質をもつ生きものを選びだし,その子どもを育てていくこと〕が科学の一分野とみなされる.とはいえ,さまざまな文明では,それ以前から 1 万年ものあいだにわたって選抜育種を利用し,植物や動物の望ましい形質を強化してきた.

1850 年代
エンドウマメを使ったメンデルの実験で,親から子へと形質が受けわたされるしくみが示される(第 1 章で紹介).

1996 年
初めてのクローン動物,羊のドリーが生まれる(第 8 章で紹介).

1994 年
初めての遺伝子組換え食品である「フレイバー・セイバー(Flavr Savr)」というトマトが食料品店に並ぶ(第 6 章で紹介).

1991 年
免疫疾患にかかっていた 4 歳の女の子,アシャンティ・デシルヴァが,遺伝子治療を受けて回復した初めての患者となる.

2003 年
初めての遺伝子操作ペットとして,鮮やかな赤の蛍光色を放つ熱帯魚がアメリカで発売される.

2007 年
科学者たちが,細菌の免疫系のなかで CRISPR-Cas9 が使われていることを突きとめる.

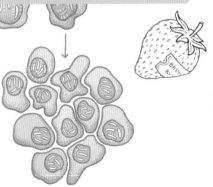

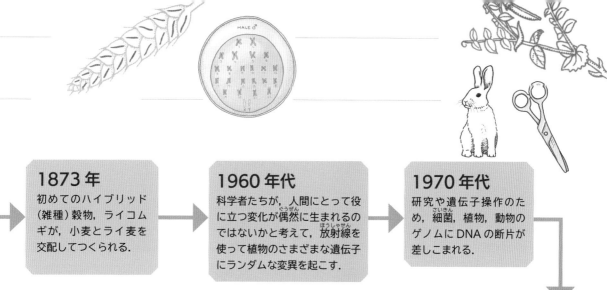

1873 年
初めてのハイブリッド（雑種）穀物，ライコムギが，小麦とライ麦を交配してつくられる．

1960 年代
科学者たちが，人間にとって役に立つ変化が偶然に生まれるのではないかと考えて，放射線を使って植物のさまざまな遺伝子にランダムな変異を起こす．

1970 年代
研究や遺伝子操作のため，細菌，植物，動物のゲノムに DNA の断片が差しこまれる．

1987 年
細菌のゲノムのなかにある CRISPR 配列が初めて発見される．

1979 年
糖尿病の治療薬として使われる分子インスリンが，人間のインスリン遺伝子を細菌のゲノムに差しこむことで人工的につくられる．〔それまで，インスリンの分子を集めるためには，豚や牛の膵臓をたくさん集めてすりつぶさなければならなかった〕

1978 年
イングランドで，世界で初めての試験管ベビー〔体外人工受精で生まれた赤ちゃん〕であるルイーズ・ブラウンが誕生（20 ページ「世界で初めての「試験管」ベビー」で紹介）．

2012 年
2 つの研究チームが，CRISPR-Cas9 のしくみを利用して，遺伝子編集をより安い費用で，より早く，より細かく正確におこなう手法を開発する．

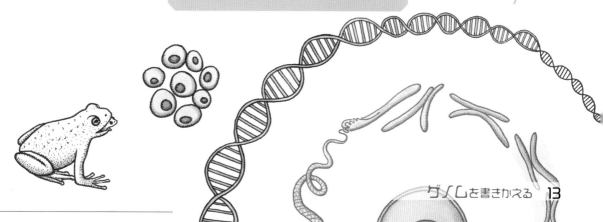

■遺伝子導入の新技術，CRISPR（クリスパー）の登場

　さて，私たち人間はこれまでもさまざまなもの（食べ物から動物たちまで）の遺伝子やゲノムを変えることができていました．それなのに，近ごろになってCRISPR（クリスパー）という技術のことで人びとが大騒ぎしているのはなぜなのでしょう？

　CRISPR（クリスパー）が発見される前におこなわれていた遺伝子操作は，時間がかかり，ちょっとした運が必要で，制約もたくさんありました．それが，CRISPR（クリスパー）を使えるようになった今では，私たち人間は遺伝子をもっと**自由自在に**，もっと**細かく**，もっと**強力なやりかた**で編集し，生きものの種（しゅ）の姿やありかたを変えられるようになったのです．

　CRISPR（クリスパー）は「**C**lustered **R**egularly **I**nterspaced **S**hort **P**alindromic **R**epeats〔規則的に間隔（かんかく）を空けて並んだ短い回文の反復が集まったもの〕」という意味の略語です．普段はあまり使わないような言葉がいくつもありますね．中身を理解するために，この長い名前を短く切り，少しずつほぐしながら読み解いていきましょう．まずは後ろのほうから始めます．

　CRISPR（クリスパー）の最後の3文字，「SPR」〔**S**hort **P**alindromic **R**epeats：短い回文の反復〕は，DNAの塩基が**ある決まったパターンで並んでいる**ことを表しています．

①S（**s**hort：短い）は，この配列〔塩基の並び〕が20～40塩基対ほどであることを表しています．

②P（**p**alindromic：回文の）は，こうした20～40塩基対ほどの配列が，上から読んでも下から読んでも同じ並びになっていることを指しています．「回文」というのは，「しんぶんし」のように，はじめから読んでも終わりから読んでも文字の並びが変わらない言葉や文のことです．DNAの世界では，**1本の鎖（くさり）を片側から読んだときと，もう1本の鎖を反対側から読んだときに「説明文」の文字の並び（塩基配列）が変わらない**箇所（かしょ）のことを「回文配列」とよびます．

③R（**r**epeats：反復）は，同じ回文配列が**何度もくり返される**（反復する）ということです．

　では，CRISPR（クリスパー）という略語の最初の部分に戻（もど）りましょう．後半の3文字「SPR」は「短い回文の反復」という意味でしたが，そのくり返し配列がどこにある

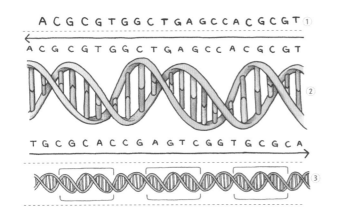

A C G C G T G G C T G A G C C A C G C G T　①

A C G C G T G G C T G A G C C A C G C G T

②

T G C G C A C C G A G T C G G T G C G C A

③

①ヌクレオチドの「短い」配列〔「配列」とは，文字や数字が並んだ列のこと〕

②回文配列では，DNAの二本鎖（にほんさ）のうち1本の塩基配列を右から左へ読んだときと，もう1本の塩基配列を左から右へ読んだときの中身が同じになっています．

③同じ回文配列がいくつかくり返されて集まった〔clustered〕状態．また，くり返しではない特別な配列のかけらが，一定の間隔を空けて〔regularly interspaced〕回文配列どうしのあいだに挟（はさ）まっています．

かを表しているのが，前半の3文字「CRI」です．

最初の「C」（**c**lustered：集まった，まとまった）は，細菌などのゲノムのなかでこの配列がいくつも一緒に集まっていることを表しています．そして，「RI」（**r**egularly **i**nterspaced：規則的に間隔を空けて）は，集まった反復配列どうしのあいだに実は**特別な配列のかけらが挟まっている**ことを指しています．（これでようやく「CRISPR」の意味がわかりましたね！）

■謎を解きほぐす

科学者たち〔大阪大学で研究をしていた石野良純博士など〕が細菌のゲノムのなかにCRISPR配列があるのを初めて発見した当時は，このくり返し配列にどんな役割があるのかわかっていませんでした．さらによくわからなかったのは，くり返し配列どうしのあいだに挟まっていた別の違った配列のかけらのことです．こうした特殊なかけらは何のためのものなのでしょう？

あとになってわかったのは，CRISPRが細菌の免疫系〔感染症などから自分自身を守るしくみ〕のなかで大事な役割を担っているということです．細菌はウイルスに感染すると（そう，「バイキン」はウイルスに攻撃されることもあるんです！），そのときのことを覚えておいて，今後の攻撃に備えます．CRISPRは**細菌がこれまでに感染した敵のウイルスのことを覚えておく手段**の1つとして使われているのです．そ

のしくみを見ていきましょう．

ウイルスの撃退に成功した細菌は，**敵のDNAの一部を見本として切りとり，自分のゲノムのなかにしまっておきます**．みなさんは第1章にでてきた「ゲノムは自分専用の取扱説明書」というたとえを覚えているでしょうか．細菌が敵のDNAのかけらをまとめてしまっておくのは，取扱説明書のなかにある「困ったときは（トラブルシューティング）」の欄のような場所です．つまり，何か困ったことが起こったときの対応のしかたを伝える説明文のなかに，これまでに自分を攻撃してきた敵のDNAのかけらを入れておくのです．間違ってそのかけらからウイルスのタンパク質を組み立ててしまうことがないように，「困ったときは」の欄にはどのページにもはっきりと目印がついています．その目印が，CRISPRの短い回文の反復配列です．

その後，細菌は外から攻撃を受けていることに気づくと，「困ったときは」の欄を調べて敵の正体を突きとめようとします．短い回文の反復配列どうしのあいだに挟まっているDNAのかけらのどれかと，そのときの敵のDNAの配列が一致すれば，細菌の細胞は以前の感染の経験を生かして相手を倒します．

■Cas9──CRISPRの陰に隠れた力

では，実際には，細菌は侵入してきたウイルスをどうやって倒すのでしょうか？　ここで登場するのが

*cas*遺伝子

〔Casタンパク質はCRISPRのくり返し配列の隣にある*cas*遺伝子からつくられる．〕

CRISPR

細胞のなかの作業員，タンパク質です．遺伝子編集の話では CRISPR の名前ばかりが注目されますが，DNA を切り貼りするたいへんな仕事を実際におこなうのは，実は仲間の Cas（**C**RISPR-**as**sociated：「CRISPR に関連した」）タンパク質たちです．Cas タンパク質たちを組み立てる遺伝子（「*cas* 遺伝子」とよびます）は，ゲノムのなかで CRISPR のすぐ隣の便利な場所にあります．

　cas 遺伝子にはいくつかの種類がありますが，そのなかには，DNA の二本鎖を洋服のジッパー〔ファスナー，チャック〕のように開くタンパク質をつくるものがあります．こうしたタンパク質は「ヘリカーゼ」〔helicase：DNA のらせん（helix）をばらばらにする酵素〕とよばれます．また，別の *cas* 遺伝子は，DNA をはさみのように切るタンパク質をつくります．このようなタンパク質は「ヌクレアーゼ」〔nuclease：ヌクレオチドをばらばらにする酵素〕とよばれます．

　これらのタンパク質は，合体して「Cas 複合体」というものをつくります．Cas 複合体にはいくつかの種類がありますが，この本では **Cas9 複合体**に注目していきます．人間が使うために初めて応用されたCas 複合体だからです．理屈のうえでは，CRISPRと Cas9 による免疫のしくみ〔CRISPR-Cas9〕はどんな種類の細胞でも使えるはずですが，自然界では，なぜか細菌などシンプルな単細胞の〔細胞が 1 つしかない〕生物でしか見つかっていません．

　さて，細菌の細胞に何かが侵入してきたことがわかると，Cas9 複合体は CRISPR の配列のあいだにしまってあるすべての DNA のかけら（これまでに攻撃してきたウイルスのゲノムから特徴的な配列を切りとったもの）のコピーをとります．Cas9 複合体は，

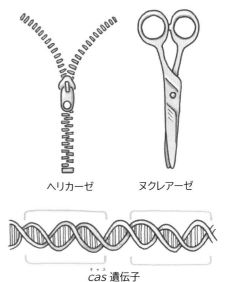

ヘリカーゼ　　　　ヌクレアーゼ

cas 遺伝子

〔*cas* 遺伝子：ヘリカーゼとヌクレアーゼを組み立てるための説明書〕

このコピー〔ガイド RNA（gRNA）といいます〕と侵入してきた敵のゲノムを比べて，同じ塩基配列を探す仕事にとりかかります．この仕事は，ウイルス対策ソフトがコンピュータのなかのファイルを調べて，コンピュータウイルスの特徴である文字列を探すのと少し似ています．

　Cas9 複合体がガイド RNA と一致する配列を見つけたら，侵入してきた敵はウイルスだとわかります（しかも，得体の知れないウイルスではなく，前に自分たちを攻撃してきたウイルスの親戚です）．すると，複合体のなかの**ヘリカーゼがウイルスの DNA の二重らせんをほどき**，続いて，**その DNA をヌクレアーゼがパチンと切ります**．さあ，これで敵のウイルスはこの細菌に感染できなくなりました．DNA が切られてしまったら，敵はもう何もできないも同然です．

　CRISPR と Cas によるこの免疫のしくみは，細菌の単純な細胞にしてはなかなか悪くないものですよね．しかも，この防御のしくみにはさらによいところがあ

CRISPR-Cas のはたらく手順

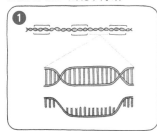

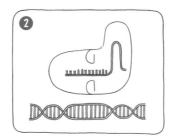

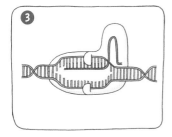

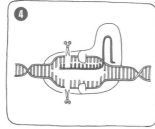

❶ くり返し配列のあいだにしまっておいた特徴的な DNA のかけらをコピーしてガイド RNA（gRNA）をつくる.

❷ Cas9 複合体が gRNA をウイルスのゲノムのところまで運んでいき，一致する DNA 配列を探す.

❸ 一致する配列を見つけると，Cas9 のなかにあるヘリカーゼがウイルスの DNA の 2 本の鎖をほどいて引き離す.

❹ Cas9 のなかにあるヌクレアーゼがウイルスの DNA を切る.

ります．細菌はウイルスの DNA を自分のゲノムのなかに取りこんでいるので，その情報を次の世代，さらに次の世代へと受けつぐことができるのです．細菌が分裂するときにゲノムの DNA はすべてコピーされますが，このとき，CRISPR のなかにしまっておいたウイルスの DNA の配列もいっしょにコピーされます.

■しくみを転用する

では，単純な細菌の細胞が自分を守るしくみのことでみんなが大騒ぎしているのはなぜでしょう？　それは，CRISPR のしくみを転用して**あらゆる種の生きものの DNA を編集できる方法**を科学者たちが見つけたからです.

ちょっとしたプログラミングをするだけで，コンピュータの文章作成ソフトの検索機能のように，DNA のなかからある配列を見つけて切り離したり，さらにはその配列を別の配列と置き換えたりできるようにと，CRISPR-Cas9 をつくり変えることができ

ます．その方法はこちらです.

❶ 科学者たちが狙った配列（標的配列）を使って 20 塩基のガイド RNA をつくり，Cas9 に取りつける．（このガイド RNA は研究室で組み立てることができます．ゲノムを編集したい生物種から，標的配列をコピーしてつくります）

❷ このガイド RNA を取りつけた Cas9 を，ゲノムを編集したい生物種の細胞のなかに送りこむ（第 5 章で詳しく紹介します）．ガイド RNA を使って，Cas9 は細胞のなかのゲノム全体から一致する配列を探す.

❸ ガイド RNA に一致する配列を見つけると，Cas9 は DNA を切りはじめる.

さて，かわいそうなウイルスが細菌の免疫系に倒されてしまう場合とは違って，話はここで終わりません．DNA の塩基配列に切れ目が入ると，生きものの細胞はすぐにそこを直して元通りにしようとします〔修復〕．この修復には 2 つのパターンがあります.

■方法①：「検索&削除」

　これは「探して切りとる」という単純な方法です。文章作成ソフトで作文を書いたあと、いらない言葉を検索して消すようなものです。Cas9 が DNA に切れ目を入れると、細胞のなかののりのようなもの〔DNA をつなぎ合わせる「DNA リガーゼ」という酵素〕がやってきて、切られた鎖をつなぎなおします。ただ、その途中で、切れ目の近くの塩基がたいてい何個かなくなってしまいます。たった数個ならたいしたことはないような気もしますが、もし Cas9 がガイド RNA を頼りに切り離したところが遺伝子のコード領域（8 ページ）だったら、第 1 章で紹介した 3 文字ごとの暗号（コドン）がずれて、内容がめちゃくちゃになってしまいます。少しの変化でも、きちんとはたらくタンパク質を組み立てる情報が遺伝子の説明文から読みとれなくなってしまうのです。これが、CRISPR-Cas9 を使って遺伝子を「**ノックアウト**」〔ボクシングなどで、相手をなぐって倒すこと。生物学の用語では、遺伝子や形質を壊すこと〕するしくみです。

　おなじみの英語のアルファベットを例に、このずれが起きるしくみを見ていきましょう。　DNA のある場所に、もともと「THECATSATONAMAT」という文字が並んでいたとします。細胞はこれを 3 文字ごとの単語に区切って「THE CAT SAT ONA MAT」と読みます（まあ、「ONA」は 1 つの単語ではないのですが……「ON A」と読んでください）。「その猫は 1 枚のマットの上に座った」という意味の文です。ここに「THECATSATONAMAT」の配列をコピーしたガイド RNA と Cas9 複合体を送りこむと、ヌクレアーゼが文の途中に切れ目を入れます。たとえば、こんなふうに。

　続いて、細胞がこの文の残った部分を元通りに貼りあわせようとします。ただ、切れ目の隣にある塩基対は、ヌクレアーゼで傷がついてしまったので文のなかに残すことができません。

　さあ、つなぎ合わせたあとの塩基配列を細胞が読むと、「TCA TSA TON AMA T」となり、まるで意味のない文（実際には、タンパク質をつくれない遺伝子）になってしまいます！　細胞はこの説明文を**無視してしまう**でしょう。私たちも、取扱説明書のなかに自分には読めない言葉で書かれたページがあれば、その部分は読み飛ばしてしまいますよね。

■方法②：「検索&置き換え」

　細胞には、DNA のなかの特定の配列を切るだけでなく、別の配列と**置き換える**こともできます。科学者たちがこうした変化を起こすには、細胞に Cas9 複合体だけでなく、切った場所に差しこみたい DNA の見本（鋳型）も入れておく必要があります。こうしておくと、細胞のなかで DNA の切れ目を修復するときに、Cas9 がその鋳型を使ってつなぎなおしをします。

　上の図では、「THE CAT SAT ONA MAT」〔そ

の猫は1枚のマットの上に座った〕が，途中で「THE OLD DOG SAT AND ATE」〔その老犬は座った，そして食べた〕に入れかわっています．こんなふうに，「検索&置き換え」の方法ではある遺伝子を消して別の遺伝子と置き換えます．第1章のように，私たちのゲノムにブロックで虹の形を組み立てるための説明文が入っていると考えると，「検索&置き換え」の方法は，虹の組み立てかたの説明文を切りとって，代わりに家の組み立てかたと置き換えるようなものです．ほかにも，説明文を書きかえて，虹のなかの青い帯の部分を黒にする，といった使いかたもできます（黒でも，茶色でも，ゲノムを編集する科学者が使いたい色に変えられます！）．

CRISPRを本当に自分たちの役に立つように使うためには，まず，編集する相手の遺伝子（標的遺伝子）を知っておかなければいけません．そのためには，ある生きものの種のなかで，ある決まった遺伝子が何をしているのかを知らなければなりません．そして，狙いを定める標的遺伝子がわかったら，その配列も知る必要があります．こうした条件をすべて達成したときに，Cas9複合体を細胞に送りこみ，標的遺伝子をノックアウトしたり（「検索&削除」），ゲノムの特定の箇所にヌクレオチドの配列を差しこんだり（「検索&置き換え」）するための準備がようやく整うのです．

CRISPRを使った遺伝子編集が登場する前の遺伝子工学は，もっとおおざっぱなものでした．取扱

遺伝子工学って，正確にいうとどんなこと？

この質問にはきちんとした答えがあってほしいところですが，実際には答えるのが難しくなってしまいます．というのも，「遺伝子組換え」，「遺伝子改変」，「遺伝子編集」などの少しずつ違った言葉どうしが，お互いに似たような意味で使われることが多いからです．しかも，辞書や科学の本を見てみても，本によってこうした言葉の意味（定義）の説明が違っています．混乱を避けるため，わりあい広く受け入れられている意味をいくつかここに載せておきます．

「遺伝子工学」は，ある生きもののゲノムを人間の技術で操作することです．この本では，選抜育種（12ページを参考）も，生き物のDNAを直接いじって変えることも，あらゆる操作を「遺伝子工学」という言葉で表しています．〔一般的には，生きもののDNAを直接変えること

を「遺伝子工学」とよび，選抜育種にはあまり「遺伝子工学」という言葉を使いません．〕「遺伝子組換え生物」は，ゲノムのなかに別の生きものの遺伝子が差しこまれた生きもののことです．「トランスジェニック」や「GMO（genetically modified organism）」とよばれることもよくあります．たとえば，「フレイバー・セイバー（Flavr Savr）」というトマト（12ページ）は，腐るのを遅らせるための遺伝子をゲノムに加えたものです（第6章69ページでさらに詳しく説明します）．

CRISPRを使った技術は，遺伝子工学のなかでも特別に「遺伝子編集」や「ゲノム編集」とよばれます．CRISPRを使うと，〔本の内容をまとめたり書きなおしたりする「編集」作業のように〕DNAをとても細かく正確に変えることができるからです．

世界で初めての「試験管ベビー」

ルイーズ・ブラウンの両親の卵と精子が出会ったのは，寝室ではなく研究室のなかでした．それまで9年のあいだ，両親は「昔ながらの方法」で妊娠を目指していたのですが，ルイーズのお母さんの輸卵管はふさがっていたので（つまり，卵巣でつくられた卵が子宮に移動して受精することができなかったので），うまくいきませんでした．そこで登場したのが科学者たちです．彼らは手術によって卵巣から卵を取りだし，ペトリ皿（シャーレ）の上でルイーズのお父さんの精子と受精させました．こうしてできた胚は，ペトリ皿の上で2日間育てられた後にルイーズのお母さんの子宮に移植されました（ルイーズは「試験管ベビー」とよばれましたが，きっと「ペトリ皿ベビー」というよびかたのほうが合っていたでしょうね）．

ルイーズの誕生は奇跡のできごととして報道されましたが，同時にとても論争をよびました．当時の人たちは，遺伝子操作の「滑りやすい坂道」※と胚の扱いのことを心配していました．今では遺伝子編集について同じような議論が起こっていますね．

現在では，こうした受精の手順は「体外受精」または「IVF（*in vitro* **f**ertilization）」とよばれます（「*in virto*」はラテン語で「ガラスのなかで」という意味ですが，ペトリ皿や試験管のなかなど**体の外**でおこなわれる物事によく使われます）．1978年にルイーズが生まれてから，体外受精でこれまでに500万人を超える赤ちゃんが生まれています．

〔※「滑りやすい坂道」とは，「最初の一歩を踏みだすと，歯止めが効かなくなってどんどん悪いことがはじまってしまう」というたとえ話です．当時の人たちは，人間の体外受精がおこなわれるようになれば，それをきっかけに人間の卵や精子の遺伝子操作も始まってしまうのではないかと心配していました．〕

説明書の適当なページを開いて，そこに余分な文字をまとめていくつか書き足しておくようなやりかたです．Cas9複合体のほかにも遺伝子を編集する酵素があって，たとえば「ジンクフィンガーヌクレアーゼ」（ZFN：**z**inc **f**inger **n**uclease）や「転写活性化因子様エフェクターヌクレアーゼ」（TALEN：**t**ranscription **a**ctivator-**l**ike **e**ffector **n**uclease）など（科学者たちは略語が大好きなんです！）といった酵素もゲノムのいくつかの場所に短い情報を差しこむことができますが，どこにでも差しこめるというわけではありません．それが，CRISPR-Cas9を使うことで，科学者たちはぴたりと狙いを定めた場所でゲノムの説明文を消したり新しい情報を差しこんだりすることができるのです．

この，ぴたりと狙いを定める力が遺伝子工学の世界を大きく変えました．私たちは，農家がよりよい作物やより強い家畜を育てようと試行錯誤していた世界から，いくつかの病気をなくすことやある生物種を絶滅から守ることを想像できる世界へと連れだされたのです．とはいえ，「そんなことができるなら，全力でどんどんやっていこう」といえるような簡単な話ではありません．CRISPRの詳しい科学的なしくみは，まだ世界中のさまざまな研究室で解明に向けてがんばっている最中で，わからないこともまだあります．それに，何かを「やることができる」からといって，「やらなければいけない」というわけではないのです．

これからこの本では，私たちの世界のなかでCRISPRがどのように応用される可能性があるか，さらに詳しく見ていきます．そして，その影響を——良い影響も，悪い影響も——いっしょに考えていきましょう．

より良い血

　ここまでに学んできたことをいったん整理してみましょう．遺伝子によって，私たちひとりひとりの自分らしさをつくる形質——目の色や背の高さから，いくつかの病気へのかかりやすさまで——がいろいろと決まってきます．CRISPR を使うと，遺伝子をとても精密に編集して，私たち人間（あるいは，別のどんな生きものでも）をもっと強くしたり，もっと健康にしたり，ある環境で生きるのにもっと向いている体質にしたりすることができます．この驚くような道具をどのように使うか，科学者たちはもう想像をめぐらせはじめています．受けついだ 1 つの遺伝子変異を，もう気にしなくてもよい過去のものに変えてしまう——CRISPR をこんなふうに使うことで，たくさんの人たちを助けられるかもしれません．

■遺伝子の変異をいじりまわす

私たちには**たくさん**の遺伝子があります．第1章で話した人間の46本の染色体のことを覚えているでしょうか？ なんと，その46本の染色体には，約**30億**塩基対もの配列が束ねられています．このたくさんの塩基対でできたゲノムの「文」は，みなさんが読んでいるこの文字と同じような大きさの字で書き写すとすると，カナダとアメリカのあいだの国境線と同じ長さ〔日本でいうと，本州の北の端から南の端までの長さの6倍ほど〕になります．遺伝情報を記したDNAのなかには，ゲノム全体でおよそ**2万個**の遺伝子があります．

新しい細胞ができるたびに私たちのゲノムはコピーされます．そして，コピーされるたびに**間違い**が生まれます（こんなに長い取扱説明書を書き写すのですから，だれでも少しの間違いはしてしまいますよね）．こうした間違い（「**変異**」といいます）のなかには，ほんの小さな違いしかもたらさないものもあります．たとえば，茶色の目の色素をつくる遺伝子が，青い目の色素をつくる遺伝子に変わるという違いです．また，間違いのなかには，水のなかを泳ぐ生きものが陸上で生きられるようになるほど大きな違いをもたらすものもあります．たとえば，古代の魚は350万年以上前に水から陸へと移るという変化を果たしましたが，それができた理由の1つは，目を大きくし，レンズの部分の丸みを減らすような遺伝子変異が起こって，空気中で物を見やすくなったことでした．

遺伝のしくみは料理のレシピが代々書き写されていくようすに似ています．おばあちゃんがシナモンを使って評判のクッキーをつくります．お母さんはおばあちゃんの書いた説明文を読み間違えて，生地にシナモンではなくクローブ〔日本語では「丁子」ともいいます〕を入れてしまいます．できあがるのは別のクッキーですが，これはこれで同じくらいおいしい味です．続いて，息子のビリーの番になったとき，彼は生地に卵を1個（あるいは2個）多く入れます．その結果できるのは，クッキーというよりはマフィンに近いものですが，やはりこれもなかなか素敵なおやつです．でも，同じレシピを受けついだ娘のキモラが大きな読み間違いをしてしまい，小麦粉を入れるのを忘れてしまったら？ たぶん，まともに食べられるものはできなくなってしまうでしょう．

遺伝子の変異によっては，きちんとはたらくタンパク質がつくれなくなってしまい，生命が完全に止まってしまうほどの大惨事になる可能性があります．また，科学者たちが何年も研究を続けている病気につながるような変異もあります．

■鎌状赤血球貧血症

鎌状赤血球貧血症は，たった1つの遺伝子の変異によって起こる病気〔単一遺伝子疾患〕です．この病気は1910年に発見されました．関節痛と腹痛をかかえていたある人の血液を調べたところ，変わった形の赤血球が見つかったことがきっかけで病気が発見されました．何が起こっているのか突きとめるために，科学者たちはその赤血球の元になる細胞にまでさかのぼって調べました．それが，「幹細胞」とよばれる種類の細胞です．

幹細胞は「自分は赤血球になろう」と決めると，全身に酸素を運ぶために必要な「ヘモグロビン」を組み立てるための遺伝子のグループ（ヘモグロビン遺伝

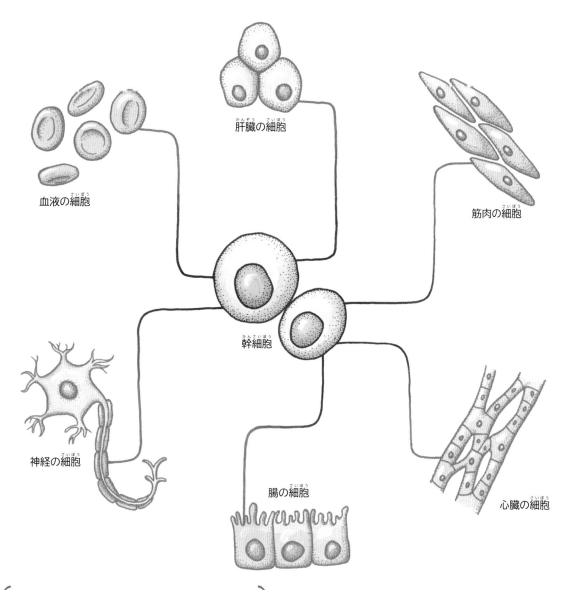

血液の細胞

肝臓の細胞

筋肉の細胞

幹細胞

神経の細胞

腸の細胞

心臓の細胞

幹細胞は、ほかとは違ったタイプの細胞で、成長したら何になるかをまだ決めていない（細胞としての進路が 200 種類以上あるのも、なかなか決められない理由の 1 つかもしれませんね）。胚が月日を重ねて成長していくにつれ、幹細胞はたどり着いた居場所によって進路の選択肢が減っていく。大人の体のなかで、幹細胞は脳、心臓、腸、肝臓、骨、皮膚、歯などたくさんの部位に見つかる。

子群）の説明文を読みとって、それに従います。この遺伝子群は、ヘモグロビンの部品になるいくつかのタンパク質のつくりかたを細胞に教えます。

　このやりかたは、説明文が正確に書き写されているあいだはうまくいきます。ところが、ヘモグロビン

[通常の赤血球と鎌状赤血球]

通常の赤血球の細胞　　　　　　　　　　　　　　　鎌状の赤血球の細胞

遺伝子群のうち，11番染色体にある遺伝子にたった1か所の間違い——3文字ずつ並んだ単語の1つで，「A」となるはずの文字が「T」になってしまう——が起こると，通常の円盤型の赤血球ではなく，**鎌（三日月型の刃物）のような形の赤血球〔鎌状赤血球〕**がつくられるようになってしまいます．

　残念なことに，この赤血球のなかのヘモグロビンは，酸素をあまりうまく運ぶことができません．さらに，この鎌のような形は，通常の赤血球の円盤の形に比べて流体力学的な性能が高くありません〔血液の流れに引っかかってしまい，なめらかに動けないということ〕．そのため，鎌状赤血球は血管のなかで詰まってしまうこともあります．

　鎌状赤血球形質をもっていること自体には有利な点（25ページ「鎌状赤血球形質」を参考）も不利な点もあるのですが，それだけでは鎌状赤血球貧血症による健康問題は起こりません．鎌状赤血球貧血症という病気は，**常染色体**の遺伝子変異によって受けつがれる，**潜性**の形質です（常染色体潜性遺伝形質．26ページ「この形質はどのように遺伝する？」を参考）．先ほど説明したようなヘモグロビン遺伝子の変異を両親のうち片方だけから受けついで**1つだけ**もっている人は，鎌状赤血球形質のもち主になりますが，鎌状赤血球**貧血症**については保因者（キャリア）〔**病気の原因となる変異をもっていても病気にならない人**〕です．両親から受けついだ遺伝子のペアのう

ち，変異が起こっていないほうの遺伝子がつくってくれる円盤状赤血球の数は酸素を運ぶのにじゅうぶんですし，変異遺伝子がつくりだす鎌状赤血球の数も，血管を詰まらせて重大な影響を起こすほど多くはないからです．

　ですが，2人の保因者が両親となって子どもが生まれたら，変異遺伝子を**2つ**ペアで受けつぐかもしれません．こうして，変異の起こっていない正常な遺伝子を受けつがずに生まれた人（たとえば，アーニャという名前だとしましょう）は，鎌状赤血球貧血症にかかってしまいます．アーニャは酸素をうまく運んでくれる円盤状赤血球をもっていないので，子ども時代の早いうちから貧血症——いつも疲れて体がだるく感じられます——を発症するでしょう．そして，アーニャが年齢を重ねていくと，鎌のような形をした赤血球が血管の内側に引っかかってたまっていき，血液の流れをふさいで（一車線しかない道路で車がつかえてしまったような状態です），ひどい痛みを起こすようになります．

　アーニャのような人たちの抱える問題を**和らげる**ことのできる薬や生活スタイルは，今の世の中にもあります．しかし，鎌状赤血球貧血症を**完全に治す**治療法はありません．大人になれば，アーニャには臓器の障害，心不全，心臓発作がとても起こりやすくなります．この病気でアーニャの寿命が縮んでしまう可能性もきわめて高いのです．

鎌状赤血球形質

鎌状赤血球形質のもち主——11番染色体のペアのうち片方だけに変異型のヘモグロビン遺伝子をもった保因者——は，アフリカと南アジアのいくつかの地域にはよくいます．地図を見てみると，興味深いことに，鎌状赤血球形質のもち主の人がたくさんいる地域はマラリア（第4章でお話しする感染症です）にかかる危険性が高い地域と重なっていることがわかります．

鎌状赤血球形質とマラリアのあいだに何の関係があるのでしょう？　もしかすると「鎌状赤血球形質の原因になる変異は，マラリアを発症する原因にもなるのかな？」と思う人もいるかもしれませんが，実は，答えは逆です．鎌状赤血球形質をもっている人は，**マラリアを発症しにくくなる**のです．

鎌状赤血球形質のもち主がマラリアから守られているしくみや理由ははっきりとはわかっていません．ただ，この2つのつながりが**自然選択**（生きものが自分のいる環境に適応していくことで生き残る作用）の実例だということはわかっています〔自然選択については47ページを参考〕．そのしくみを説明しましょう．もし，あなたが鎌状赤血球形質のもち主だったら，あなたには「マラリアで死なない」という強みがあります．これはつまり，マラリアという病気が流行している地域にいたら，鎌状赤血球形質をもっていない人よりも，鎌状赤血球形質をもっているあなたのほうが子どもを残す確率が高いということです．また，鎌状赤血球貧血症は常染色体**潜性**遺伝の形質です．両親が2人とも鎌状赤血球形質をもっていなければ，子どもに鎌状赤血球貧血症は受けつがれません（26ページ「この形質はどのように遺伝する？」を参考）．2人の保因者のあいだにはこんな子どもが生まれる可能性があります．

① 変異型のヘモグロビン遺伝子を2つもっている子ども（その子は，自分の子どもをつくる前に鎌状赤血球貧血症で亡くなってしまう可能性が高いでしょう）

② 変異していないヘモグロビン遺伝子を2つもっている子ども（その子は，自分の子どもをつくる前にマラリアを発症して亡くなってしまう可能性があります）

③ 両親と同じように鎌状赤血球形質をもっている変異型のヘモグロビン遺伝子を1つもっている子ども（この子は，①や②の子よりも自分の子どもをつくる可能性が高いでしょう．なぜなら，鎌状赤血球貧血症にはならず，マラリアからも守られているからです）

これが何度もくり返されると，世代を重ねるごとに鎌状赤血球形質のもち主の割合が増えていくことがわかります．鎌状赤血球形質をもっている子どもたちは，成長して，結婚して，自分の子どもをつくる可能性が高いでしょう．もし鎌状赤血球形質をもっていない人がパートナーになったとしても，生まれる子どものおよそ半数は鎌状赤血球形質を受けついで，マラリアから守られるでしょう．マラリアにかかる可能性がある場所では，鎌状赤血球形質をもつ人たちはほかの人たちよりも有利になるのです．

この形質はどのように遺伝する？

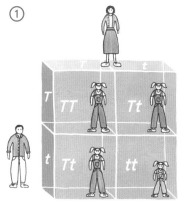

「常染色体潜性遺伝」と「常染色体顕性遺伝」という 2 つの用語は，どちらも，常染色体（1 番染色体から 22 番染色体まで．性染色体ではない染色体）の遺伝子がかかわる形質に使われます．

　もし，ある形質が「常染色体潜性」で遺伝するなら，原因となる遺伝子を両親の両方から受けついで 2 つもっていないとその形質が表れないということです．メンデルの実験で出てきたエンドウマメの「背が低い」という形質もそうですね．エンドウマメの背が低くなるためには，「低い」遺伝子を 2 つ受けつぐ必要がありました（7 ページ「遺伝学の父」を参考）．このような形質が表れる可能性は 3 つあります．

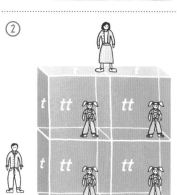

① 両親のどちらも背が高いが，それぞれが「低い」遺伝子（t）を 1 つずつもっている（Tt）．この場合，両親が 2 人とも t 型遺伝子を子どもに受けわたす確率は 25%．

② 両親のどちらも背が低い．つまり，それぞれが「低い」遺伝子（t）を 2 つずつもっている（tt）．この場合，子どもの背が低くなる確率は 100%．なぜなら，両親は 2 人とも必ず t 型遺伝子を子どもに受けわたすから．

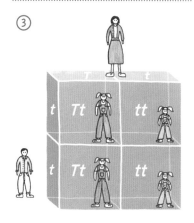

③ 両親のうち 1 人は背が低い（tt），もう 1 人は背が高いが，「低い」遺伝子を 1 つもっている保因者（Tt）．背の低いほうの親は t 型遺伝子しか子どもに受けわたせないので，子どもの背が低くなるかどうかは背の高いほうの親による．背の高いほうの親が t 型遺伝子を子どもに受けわたし，このカップルに背の低い子どもが生まれる確率は 50%．

もし，ある形質が「常染色体顕性」で遺伝するなら，原因となる遺伝子を両親のどちらか片方から受けついで1つもっているだけでもその形質が表れます．これは，エンドウマメの「背が高い」という形質と同じですね．エンドウマメの「高い」遺伝子は，「低い」遺伝子に対して顕性です（そして，「低い」は「高い」に対して潜性です）．つまり，子どもの背が低くなるより，背が高くなる可能性のほうが高いということです．この場合の可能性は次の通り．

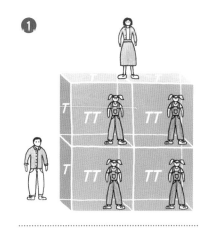

❶ 両親のどちらも，「高い」遺伝子（T）を2つずつもっている（TT）．この場合，子どもの背が高くなる確率は100%．

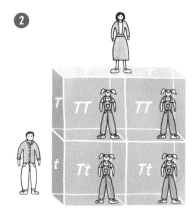

❷ 両親のどちらも背が高い．そのうち1人は「高い」遺伝子を2つもっていて（TT），もう1人は1つもっている（Tt）．この場合も，子どもの背が高くなる確率は100%（Tはtに対して顕性なのを思いだしてください．つまり，もし子どもがt型遺伝子を1つ受けついでも，T型遺伝子によって背の高い形質が表れるのです）．

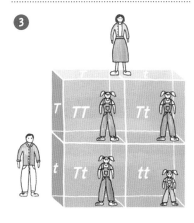

❸ 両親のどちらも背が高く，それぞれが「低い」遺伝子（t）を1つずつもっている（Tt）．これは，1つ前のページにある，常染色体潜性遺伝形質の例①の逆．この場合，子どもの背が高くなる確率は75%．

〔ここで人間の絵が使われているのはたとえです．
　実際には，人間の背の形質はもっと複雑なしくみで変化します〕

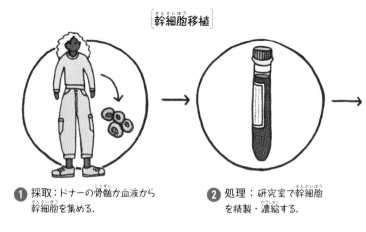

幹細胞移植

❶ 採取：ドナーの骨髄か血液から
幹細胞を集める.

❷ 処理：研究室で幹細胞
を精製・濃縮する.

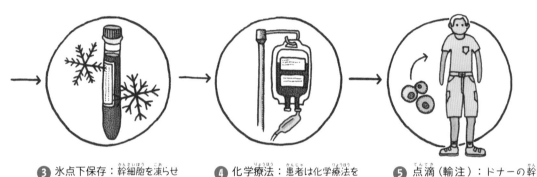

❸ 氷点下保存：幹細胞を凍らせ
て,必要になるときまで保存する.

❹ 化学療法：患者は化学療法を
受けて自分の幹細胞を壊す.

❺ 点滴(輸注)：ドナーの幹
細胞を解凍して患者に与える.

　もし,鎌状赤血球貧血症にかかったアーニャが質の高い医療を受けられる環境にいれば,幹細胞移植の候補者になるかもしれません.この治療法では,鎌状赤血球貧血症にかかっていないドナー(提供者)の幹細胞をアーニャの血液か骨髄(骨の内側にある,血球をつくる工場です)に移植します.この移植が効果を発揮すれば,新しくやってきた幹細胞が変異の起こっていないドナーの遺伝情報を使って新しい赤血球づくりを担当することになります.

　幹細胞移植は完璧な解決策のように思えますが,実はこの方法にも危険はあります.この治療法の一

番の問題は,私たちがいつも頼りにしている免疫系にかかわるものです.アーニャの免疫系は,外からやってきた幹細胞を侵入者だとみなして拒否しようとします〔このことを「拒絶反応」といいます〕.たとえ,アーニャの家族である兄弟や姉妹がドナーになったとしても,です.拒絶反応が起こらないようにするためには,強力な薬を使ってアーニャの免疫系を「スイッチオフ」にしなければなりません.こうなると,アーニャはほかの感染症にとてもかかりやすくなってしまうでしょう.

　さて,ここで CRISPR の登場です.もし,アーニャ自身の幹細胞の遺伝子を編集できたらどうなるでしょ

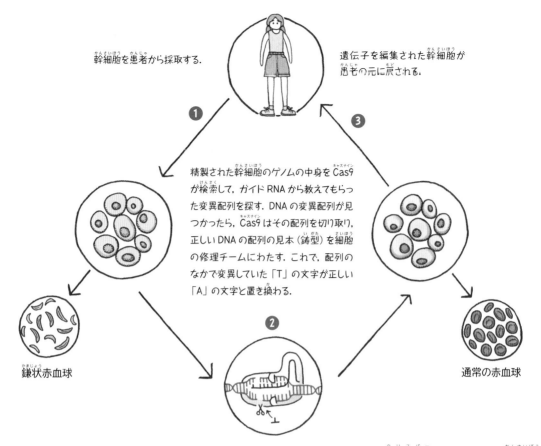

幹細胞を患者から採取する.

遺伝子を編集された幹細胞が患者の元に戻される.

精製された幹細胞のゲノムの中身をCas9が検索して、ガイドRNAから教えてもらった変異配列を探す. DNAの変異配列が見つかったら、Cas9はその配列を切り取り、正しいDNAの配列の見本（鋳型）を細胞の修理チームにわたす. これで、配列のなかで変異していた「T」の文字が正しい「A」の文字と置き換わる.

鎌状赤血球

通常の赤血球

うか？　科学者たちは変異したヘモグロビン遺伝子の配列のコピー〔ガイドRNA〕をCas9にわたして、変異のない遺伝暗号を載せたゲノムDNAをつくれるようになるでしょう.　この方法では、科学者たちがドナーからの幹細胞を使うかわりに**アーニャ自身の幹細胞**を取りだし、次の段階では、ガイドRNAをもったCas9と、変異のないDNAの配列を混ぜ合わせたものを幹細胞に加えます.　すると、変異した遺伝子の配列をCas9が切り取りはじめ、その部分は変異していない遺伝暗号と置き換わっていきます〔細胞のなかで、19ページにある「検索&置き換え」のしくみがはたらくためです〕.

これが終わると、CRISPRで改変された幹細胞はアーニャのもとへと戻されます. アーニャの免疫系は、久しぶりに戻ってきた友だちを歓迎するように、幹細胞を温かく迎えてくれるでしょう.　時間が経つにつれて、戻ってきた幹細胞は分裂・増殖してたくさんの幹細胞をつくり、それが最終的には赤血球に変わります.　CRISPRで生まれ変わったこの幹細胞は変異のないヘモグロビン遺伝子をもっているので、将来、赤血球になったときには通常の円盤の形になります. アーニャの鎌状赤血球貧血症は、根本から治るでしょう.

受けわたす

　私たちの体のなかにある細胞のほとんどは「体細胞」といって，次の世代〔自分たちの子ども〕には受けわたされない細胞です．もし1つの体細胞に変異が起こっても，その人の体全部に影響がでたり，有性生殖〔精子と卵が受精して子どもができること〕に影響したりすることはなかなかないでしょう．また，1つの体細胞を遺伝子編集しても，変化はその体細胞から細胞分裂で生みだされるクローン細胞たちにしか表れないでしょう．

　しかし，生殖系列細胞（別名「生殖細胞」．要するに，精子や卵のことです）は次の世代に受けつがれることがあります．精子や卵をつくる細胞も次の世代に影響を与える

ので，やはり同じように生殖系列細胞とよばれます．そして，初期胚〔精子と卵が受精したあと，細胞分裂をはじめたばかりの胚〕のなかにいて，成長したら何になるかまだ決めていない「胚性幹細胞〔ES細胞：embryonic stem cells〕」も，生殖系列細胞の仲間です．将来，幹細胞は卵や精子をつくる細胞へと成長するかもしれないからです．

　もし，こうした生殖系列細胞のどれかに変異が起こったり，遺伝子編集がおこなわれたりすれば，その変化が子どもに受けつがれるかもしれません．そして，子どもからその子どもに，さらにその子どもに，またその子どもに……と受けわたされていく可能性もあるのです．

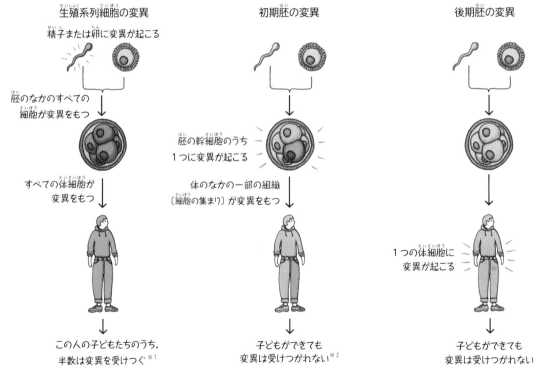

　生殖系列細胞の変異　　　　　　　　初期胚の変異　　　　　　　　後期胚の変異

精子または卵に変異が起こる

胚のなかのすべての細胞が変異をもつ

胚の幹細胞のうち1つに変異が起こる

すべての体細胞が変異をもつ

体のなかの一部の組織〔細胞の集まり〕が変異をもつ

1つの体細胞に変異が起こる

この人の子どもたちのうち，半数は変異を受けつぐ※1

子どもができても変異は受けつがれない※2

子どもができても変異は受けつがれない

※1 この人はもともと，変異のある生殖系列細胞と変異のない生殖細胞が受精して生まれてきましたね．10ページで説明したように，この人の体のなかでつくられるたくさんの精子（この人が男性の場合）または卵（女性の場合）のうち，およそ半数には変異のある遺伝情報が残り，あとの半数には変異のない遺伝情報が残ります．
※2 ただし，変異の起こった幹細胞が体細胞ではなく生殖細胞へと成長した場合には，子どもにも変異が受けつがれるかもしれません．

科学者たちは，鎌状赤血球貧血症（かまじょうせきけっきゅうひんけつしょう）にかかった人たちが
CRISPR（クリスパー）による治療法を使えるようにがんばっています．

CRISPR（クリスパー）を使ってハツカネズミ（マウス）のヘモグロビン遺伝子を編集することにはもう成功しています．また，鎌状赤血球貧血症（かまじょうせきけっきゅうひんけつしょう）は人間での臨床試験（りんしょうしけん）〔その治療（ちりょう）は効果（こうか）があるか，安全かを人間の体を使って調べること〕をおこなうことが初めて認められた遺伝性疾患（しっかん）の１つでもあります．ですが，CRISPR（クリスパー）を応用した鎌状赤血球貧血症（かまじょうせきけっきゅうひんけつしょう）の治療（ちりょう）がアーニャのような人びとにとって安全だと判断できるようになるまでには，まだ細かいしくみを解決しなければなりません．

・細かいしくみ（1）

Cas9（キャスナイン）は 30 億文字もある人間の遺伝情報のなかから 20 文字の塩基配列を探す，ということを思いだしてみてください．これは，カナダとアメリカの間の国境線〔日本でいうと，本州の北の端から南の端までの長さの６倍ほどの距離（きょり）〕のどこかに落ちている１本の小枝を探すようなものです．Cas9（キャスナイン）複合体のなかにある酵素（こうそ）たちがたまたま何かを間違（まちが）えて，ガイド RNA とは違（ちが）った配列のところで DNA を切ってしまうかもしれません．人間の細胞（さいぼう）のなかでこうした間違（ちが）い（オフターゲット編集〔off-target：狙（ねら）った標

的から外れてしまうこと〕）が起こると，がんなど，別の病気のもとになってしまう場合もあります．

・細かいしくみ（2）

もし，狙（ねら）った遺伝情報を Cas9（キャスナイン）がきちんと見つけて切りとることができたとしても，今度は修復の段階で何かが間違（まちが）ってしまうこともありえます．鎌状赤血球貧血症（かまじょうせきけっきゅうひんけつしょう）の人の場合，DNAの切れ目を直すときに Cas9（キャスナイン）が「検索（けんさく）&削除（さくじょ）」の方法を使わないようにすることが大切です．第２章で見たように，配列を切り取ったあとの DNA をただ貼りあわせるだけでは，遺伝子をはたらかせるための説明文が読めなくなってしまうかもしれません（19 ページを参考）．アーニャの場合でいえば，ヘモグロビン遺伝子群が１つもヘモグロビンをつくれなくなってしまうかもしれないのです――すると，ヘモグロビンのなかの「β鎖（ベータさ）」という部品が足りなくなる「βサラセミア（ベータ）」という病気になってしまいます．科学者たちは，細胞（さいぼう）が必ず「検索（けんさく）&置き換（か）え」の方法のほうを使って，Cas9（キャスナイン）がもちこんだDNAの見本（鋳型（いがた））に書かれた説明文に従ってくれるようにしなければいけません．

止まれ
STOP

もし CRISPR による治療ができるとしても，その使いかたには制限があります．

CRISPR で遺伝子を編集した幹細胞を使って鎌状赤血球貧血症を治療するのは，ドナーからの幹細胞移植と同じく，侵襲的な〔体に傷がついたり負担がかかったりする〕治療です．ドナーからの幹細胞移植とは違って，アーニャは免疫系のはたらきを抑える薬を飲む必要はありませんが，骨髄のなかにある変異型の幹細胞を化学療法で壊し，編集済みの幹細胞と入れかえる必要があります．

それなら，もっと早い段階で CRISPR を使って鎌状赤血球貧血症を治療したらどうでしょうか？　アーニャの幹細胞が違う種類の細胞に育っていくまで待つかわりに，受精の 2 週間後（アーニャがまだ胚のうち）に，DNA の変異部分を書きかえることもできるのですから．さらに，アーニャが受精卵になる前に CRISPR を使うこともできるでしょう．CRISPR を両親の卵と精子に注入したり，生殖細胞をつくる細胞に打ちこんだりすればいいのです．

ただ，人間の胚——これから胚になる細胞も——の遺伝子を編集するという案からは，社会のきまりや倫理〔何がよいことで，何が悪いことかを判断して行動すること〕に関する心配事が浮かびます．今のところ，ヒト生殖系列細胞に対して遺伝子工学を使うこと——つまり，未来の世代に受けわたされるゲノムの一部を変えること（30 ページ「受けわたす」を参考）——は，たくさんの先進国で禁止されていますし，それ以外の国でも，禁止とまではいかなくても厳しく規制されています．また，人間の胚性幹細胞を使った研究はとくに議論の的となっています．

生殖系列細胞の遺伝子工学に反対する人たちも，たいていの場合，鎌状赤血球貧血症のような**病気を治療すること自体には反対していません**．ただ，この技術がアーニャのような人たちのためにどう使われる可能性があるのか——つまり，生殖系列細胞に対する遺伝子工学の使いみち——について考えたときに疑問を感じているのです．もし，CRISPR の技術が完璧になって，みんなが「病気」だととらえている遺伝形質が治療できるようになったら，その技術がほかのこと——人間が苦しんだり，医療を受ける必要ができてきたりするとは限らない形質——にも使われるのをどう止めるのでしょうか？　**何が「病気」で，何が「個人差」か，決めるのはだれなのでしょうか？**

このことについては，第 9 章で詳しく話しましょう．今の時点では，「この『滑りやすい倫理の坂道』※がとても心配だから，人間のどんな細胞の治療であっても CRISPR を利用すべきではない」と思う人がたくさんいることを知っておいてください．

〔※「滑りやすい坂道」については 20 ページを参考〕

鎌状赤血球貧血症のもち主として生まれてくる人たちは
毎年およそ 30 万人．その人たちにとって，
CRISPR による遺伝子治療は命を救うものになるかもしれません．

鎌状赤血球貧血症は，とくにアフリカのいくつかの地域でよく見られる病気です．そうした地域では，50 人に 1 人という高い割合で人びとがこの病気にかかっています．つまり，これからアーニャのような人たちを助けることができるかもしれない研究を止めてしまったら，人としての道に反するかもしれないのです．

CRISPR を使って鎌状赤血球貧血症を治療する方法を考えだせれば，それが他の遺伝性疾患の治療法にもつながるかもしれません．科学者たちが鎌状赤血球貧血症に注目したのは，この病気を起こす変異の正体がよくわかっていることも理由の 1 つでした．この病気ではヘモグロビン遺伝子の変異の影響が血液にしか表れないので，遺伝子編集のしくみをどの種類の細胞に使うか，狙いを定めることもできます．

もし，CRISPR を使った遺伝子編集を鎌状赤血球貧血症の治療に使えるようになれば，その知識をこんな単一遺伝子疾患にも応用できるかもしれません．

・デュシェンヌ型筋ジストロフィー症 (DMD)

この病気の形質は，X 染色体にある DMD 遺伝子の変異によって引き起こされます．発症するのは男の子が多く[※1, p.34]，4 歳ごろから筋肉が弱っていきます．

この病気をもっている人の大部分は，いずれ車椅子を使う必要が出てきます．この変異は心臓と肺の筋肉にも影響があるため，デュシェンヌ型筋ジストロフィー症にかかっている人は普通，20 代よりも上の年代までは生きていません[※2, p.34]．

・ハンチントン病

4 番染色体の HTT 遺伝子の変異によって引き起こされるハンチントン病は，常染色体顕性遺伝形質（26 ページ「この形質はどのように遺伝する?」を参考）です．ある人が片方の HTT 遺伝子にだけ変異を受けついでいても，30 代後半か 40 代ごろには，体が勝手に動いたりぴくぴくしたりする症状が出はじめます．これがだんだんと進み，ついには歩いたり，話したり，食べ物や飲み物を飲みこんだりすることが難しくなります．この進行性の脳疾患は，感情の問題や，思考力の低下も引き起こします．

・嚢胞性線維症

嚢胞性線維症は，鎌状赤血球貧血症と同じように，常染色体潜性遺伝形質です．ある人がこの病気にかかるのは，2 つの 7 番染色体にある CFTR 遺伝子が両方とも変異している場合のみです．いろいろな臓器の表面をなめらかにする粘液はサラサラでしっとりしていなければならないのですが，CFTR 遺伝子がつくるタンパク質がないと，この粘液がドロドロ，べたべたになってしまいます．とくに肺と膵臓に大きな影響が出ることが多く，呼吸や消化の問題が起こるようになります．

CRISPR-Cas9 を使った遺伝子治療は，ほかの単一遺伝子疾患の動物モデル〔病気や形質を研究するための見本として使える実験動物〕でも研究されています．きちんとチェックをしていろいろな要素のバランスをとれば，CRISPR は深刻な健康問題を受けているたくさんの人たちの苦しみを和らげられるかもしれません．

鋭い質問
Cutting Questions

疾患？　それとも個人差？

　人類の祖先が洞窟に暮らしていたころ，近視〔近くのものが見えて，遠くのものがよく見えない状態〕は疾患や個人差どころではなく，死につながるものでした．めがねのない先史時代には，視力に障害のある人びとが狩りをして自分のお腹を満たすことはできません．視力が低いと，ほかの動物の肉をお腹いっぱいに食べて眠れる可能性より，自分がほかの動物に食べられてしまう可能性のほうが高かったのです．

　近視（近眼ともいう）は，今ではもう死につながるものではなくなりました．それでも，伸ばした手の先よりも遠くにあるものがまるで見えないのは，やはりやっかいですね．めがねやコンタクトレンズ，近視を矯正するためのレーシック手術などに毎年何百万ドルものお金が使われています（そして，それがお金もうけにつながっています）．

　近視は悩みや苦しみの元になり，対処が必要なので，**疾患**だと考える人もいるかもしれません．一方，近視は対処できるもので，近視の人の寿命が短くなるわけではないので，**個人差**の一つだと考える人もいるかもしれません．

みなさんはどう考えますか？
もし，CRISPR を使ってだれかの視力を矯正できるとしたら，
それは疾患を治療しているのでしょうか．
それとも，個人差を変えていることになるのでしょうか．

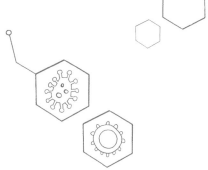

※ 1　〔8 ページで説明したように，女の子は X 染色体を 2 つもっています．片方の X 染色体の *DMD* 遺伝子に変異があっても，もう片方の X 染色体の *DMD* 遺伝子に変異がなければ，症状の出ない保因者でいられます．ところが，男の子は X 染色体を 1 つしかもっていないので，*DMD* 遺伝子の変異の影響が直接表れやすくなっています〕

※ 2　〔今では心臓や肺のはたらきを助ける治療法が進み，この病気をもちながら 30 代から 50 代まで生きている人も増えています〕

突然変異体の 蚊
ミュータント

　第 3 章では，鎌状赤血球形質がマラリアから身を守る役に立つという話をしました．でも，この病気の予防には CRISPR も役立つかもしれません．マラリアは，赤血球に侵入する寄生虫〔マラリア原虫〕によって引き起こされる深刻な病気です．マラリア原虫（顕微鏡を使わないと見えない小さな虫で，生きていくための栄養はすべてほかの生物からこっそり盗んでいます）は，人間や動物の血液のなかに入りこんで，そこを住み家にしてしまいます．

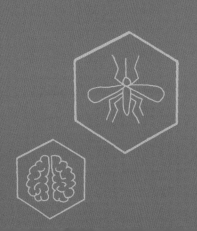

人間がマラリア原虫に感染すると熱が出ます．マラリア原虫が私たちの体のなかで増殖しはじめると，肝臓から血液のなかへと広がって，深刻な健康問題の数かずを引き起こします．世界保健機関（WHO）などがマラリアの拡大を心配しているのも当然です．

■大暴れするマラリア

みなさんはアフリカや南アジアの地域を訪れたことがありますか？　もしそうなら，きっとそのときにマラリアから身を守る薬を服用したのではないでしょうか．旅行で現地を訪れる人はそうして安全に過ごせるかもしれませんが，現地に住んでいる人はいつも危険にさらされています．ウガンダ，ガーナ，コンゴ民主共和国などの国に暮らしている5歳未満の子どもたちを中心に，毎日 1,000 人もの人たちがマラリアで亡くなっています．

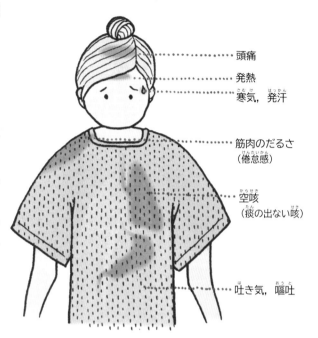

［マラリアの症状］

- 頭痛
- 発熱
- 寒気，発汗
- 筋肉のだるさ（倦怠感）
- 空咳（痰の出ない咳）
- 吐き気，嘔吐

ブルキナファソの虫たち

西アフリカ内陸のとある国には，鍵のかかった金属の虫かごが並ぶ実験施設があります．この施設は警備員によって厳重に見張られていますが，それには大きな理由があります．ここで飼われているのは，針の先ほどの穴からも逃げだしてしまうような小さな生きものなのです．それをしっかり閉じこめておくのはたいへんなことです．

この実験施設の人びとが必死で閉じこめておこうとしているのは，いったいどんな生きものなのでしょうか？　それは，イングランドで遺伝子編集によってつくりだされたあと，イタリアの研究室を経てアフリカへと運ばれてきた，**子どもを残せないオスの蚊たち**です．

この昆虫実験施設があるのはブルキナファソという国です．ここでマラリアとの戦いの新たな一歩が踏みだされるのを，たくさんの人たちが待ち望んでいます．遺伝子編集で生まれたオスの蚊たちは，虫かごに閉じこめられたまま，すでに地元ブルキナファソのメスの蚊たちと交配を済ませました．予想通り，子どもはできませんでした．そこで今，研究チームは子どもを残せないオスの蚊を少し（数万匹ほど）外に放して，どんなことが起こるか調べようとしています．

世界各地のマラリア感染状況

● マラリアの感染率がとくに高い国や地域

　この蚊たちは，別にマラリアに対抗できるような遺伝子編集を受けたわけではありません．遺伝子ドライブ〔40ページで説明します〕をもっているわけでもありません．実は，遺伝子編集を受けた蚊への反応——地元の蚊の集団からの反応，ブルキナファソの人びとからの反応，国際社会からの反応——を調べるために使われているのです．

　この計画はブルキナファソの政府から承認を受けています．研究チームの科学者たちは，蚊を放す実験が成功することで，遺伝子編集を受けた蚊への理解も深まってほしい，規制をおこなう機関の人びとや地元の人びととの信頼を高めることにもつながってほし

いと願っています．ですが，たくさんの地元農家や活動家たちが今もこの計画に反対しています．

　国際連合（国連）の「生物の多様性に関する条約（CBD）」では，遺伝子ドライブをもつ生物をこれから外に放す場合に守らなければいけない厳しい条件を定めています．その条件の1つが，その生物を放す場所で影響を受ける可能性のある，あらゆる共同体〔国，町，村，民族集団など〕から「自由意志による〔だれにも強制されていない〕，事前の，じゅうぶんな情報にもとづく同意」を得ることです．そのようなことが——ブルキナファソでも，世界のどこか他の場所でも——できるのかは，まだわかりません．

蚊はマラリアを引き起こす直接の原因ではありません（本当の原因はあのやっかいな寄生虫，マラリア原虫です）が，マラリアを広めてしまいます．**どんなしくみになっているのでしょうか.**

　マラリアの原因は寄生虫です．マラリアをうつすのは蚊です．では，マラリアと遺伝子にはどんな関係があるのでしょうか？　実は，こんな驚きの事実があるのです.

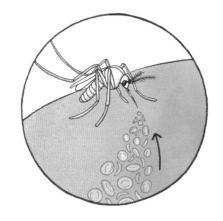

❶ メスの蚊がマラリアに感染した人を刺す（そう，メスの蚊だけです！オスの蚊は，人間の血ではなく花の蜜をよく吸います）．

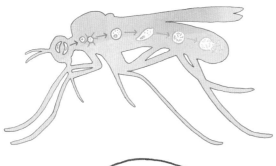

❷ 刺された人の血液を通じて，寄生虫〔マラリア原虫〕がメスの蚊の体のなかに入る．居心地のよい新しい家に引っ越した寄生虫は成長し，増殖する．

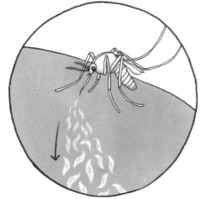

❸ 同じ蚊が次に別の人を刺したとき，寄生虫をうつす．

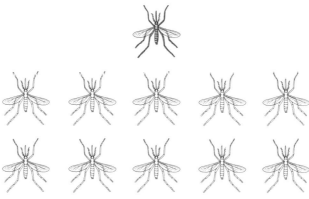

マラリアを引き起こす寄生虫，マラリア原虫は，あるタンパク質の助けがないと蚊のお腹のなかで生き続けることができません．みなさんも想像がついたかもしれませんが，このタンパク質は蚊のもっている遺伝子の説明文をもとにつくられます．遺伝子の名前は *FREP1* といいます．

CRISPR は鎌状赤血球貧血症のような単一遺伝子疾患の変異を**修正する**ことができますが，同じやりかたで遺伝子の変異を**つくる**こともできます．そこで研究者たちは，遺伝子編集を使って蚊の *FREP1* 遺伝子に変異を起こし，*FREP1* 遺伝子をノックアウト（18ページを参考）できないかと考えるようになりました．蚊がマラリアを広めないようにするのです．Cas9 と，*FREP1* 遺伝子の配列をもったガイド RNA を送りこみ，置き換え用の見本（鋳型）は入れないようにして，Cas9 に DNA を切り刻ませます．簡単でしょう？

——そう，それだけならたしかにとても簡単です．1 匹の蚊の *FREP1* 遺伝子をノックアウトして，その蚊だけがマラリアを広めないようにすることはできます．ただ，外で飛び回る何百万匹もの蚊たちに同じ変異をもたせるとなると，話は難しくなってきます．残念ですが，たった数匹の蚊の遺伝子を編集して，その変異が自然界の集団のなかに広がるのを待って

もむだです．なぜこのやりかたではだめなのでしょう？理由はおもに 2 つあります．

❶ *FREP1* 遺伝子の変異は常染色体**潜性**遺伝する．つまり，蚊がマラリアを広めるのを止めるためには，*FREP1* 遺伝子のペアを両方ともノックアウトしなければならない．メンデルが背丈の高いエンドウマメと低いエンドウマメの実験で発見したように，潜性形質をもつ子どもをつくるには，同じ潜性形質の遺伝子の保因者と交配しなければならない（26 ページ「この形質はどのように遺伝する？」を参考）．ということは，遺伝子を編集された蚊が自然界で〔遺伝子を編集されていない蚊と〕交配しても，その子どもがマラリアへの耐性をもつことはありそうにない．

❷ さらにやっかいなことに，*FREP1* 遺伝子からつくられる FREP1 タンパク質をもっていない蚊は，FREP1 タンパク質をもっている蚊よりも**ひ弱になりやすい**．あまりたくさんの血を飲むことができなかったり，卵をたくさん産めなかったりする．つまり，*FREP1* 遺伝子をもっている仲間よりも，つくれる子どもの数が少ない．子どもが少ないということは，マラリアへの耐性を受けわたせる確率も低くなる．

では，遺伝子をノックアウトした蚊からマラリア耐性を受けつぐ野生の蚊をつくれないなら，次はどうしたらよいでしょうか？　あちこちにいる野生の蚊を根こそぎ捕まえて実験室に連れていき，全部まとめてCRISPRで処理するなんてことはできません．また，実験室で蚊を増やすのも正解ではありません．科学者たちの見積もりによれば，遺伝子ノックアウト蚊が変異のない蚊を押しのけて多数派になるには，野生の蚊1匹に対して，実験室で育てた蚊を10匹の割合で放さなければならないそうです．

■遺伝子ドライブを使った解決策

科学の世界には，なんとこの問題の解決策がありました．それが「遺伝子ドライブ（gene drive）」とよばれるものです〔「drive」という言葉には「動かす」「**押しのける**」という意味があります〕．この技術は，遺伝の性質をコントロールし，ある遺伝子の1つの型〔たとえば，FREP1遺伝子の変異型〕が子どもに受けわたされる確率を高めて，その遺伝子型を集団のなかに広めやすくします．遺伝子ドライブがどのように問題を解決するのか，これから説明していきます．

まずは，Cas9がFREP1遺伝子のガイドRNAといっしょに蚊の体のなかに入り，おなじみのやりかたでFREP1遺伝子をノックアウトします．ただし，遺伝子ドライブにCas9を使うときには，ガイドRNAのほかに「ほかの遺伝子を押しのける」ためのDNAもいっしょに入れておきます．このDNAには，「検索&置き換え」のしくみ（19ページを参考）をスタートさせる配列が入っています．今回の場合，蚊のゲノムのなかでFREP1遺伝子のあった場所に差しこみたいのは，Cas9複合体そのものを組み立てるための遺伝子たち〔cas遺伝子群〕です．

えっ，Cas9の遺伝子たち？　ちょっと不思議ですよね．でも，思いだしてみてください．自動で動く機械のようなCas9も，その部品はタンパク質でできているのです．そして，タンパク質は遺伝子をもとにつくられます．さあ，Cas9はFREP1遺伝子をノックアウトしたあと，蚊のゲノムのなかの同じ場所に，細胞がCas9のコピーをつくるために必要な説明文を差しこみます．別のいいかたをすると，Cas9は自分のクローンをつくるのです．ガイドRNAをつくるための配列と，もっとたくさんのCas9をつくるために必要なDNAの鋳型がそろっていれば，遺伝子ドライブのしくみを受けわたしていくことができます．

❶ 検索と削除
遺伝子ドライブの入った蚊が野生の蚊と交配したら，その子どもたちは，遺伝子ドライブ入りの染色体と，そうではない野生型の染色体を1つずつ受けつぐ．遺伝子ドライブ入りの染色体がCas9をつくり，そのCas9はガイドRNAの配列をもとに野生型の染色体を見つけて切り離す．

❷ 修復と置き換え
細胞は，切られたDNAを遺伝子ドライブの配列を見本（鋳型）にして修復する．すると，2本の染色体がどちらも遺伝子ドライブの配列をもつようになる．つまり，それぞれの染色体がCas9を増やす遺伝子をもっている状態になる．

❸ 拡散
こうして，遺伝子ドライブはペアになった相手の野生型DNAに自分自身のコピーを差しこんでいくので，遺伝子編集を受けたのが片方の親だけでも遺伝子ドライブを——Cas9複合体の部品をつくるcas遺伝子群もすべて——子どもたち全員に広めることができる．

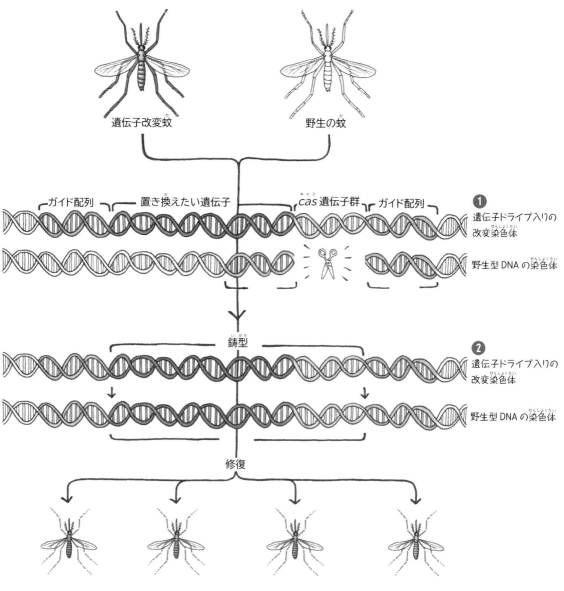

はたらく遺伝子ドライブ

遺伝子改変蚊   野生の蚊

ガイド配列   置き換えたい遺伝子   *cas* 遺伝子群   ガイド配列

❶ 遺伝子ドライブ入りの改変染色体

野生型 DNA の染色体

鋳型

❷ 遺伝子ドライブ入りの改変染色体

野生型 DNA の染色体

修復

❸ 子どもはすべて遺伝子ドライブで改変を受ける.

こうして，Cas9 をつくるための説明書は蚊のゲノムの一部になっていきます．*FREP1* 遺伝子の代わりに Cas9 の遺伝情報をもつ染色体を蚊が受けわたすたびに，蚊の子どもたちは Cas9 複合体をつくりだし，その Cas9 が，野生型の親から受けついだほうの染色体の遺伝子を編集していきます．通常の遺伝の法則（今回の例では，常染色体潜性遺伝）に従うのではなく，遺伝子ドライブをもつ蚊の子どもは**全員**がマラリアへの耐性をもつようになるのです．

科学者たちは，もしハマダラカ属の蚊たち（マラリア原虫を運ぶ蚊のグループの 1 つ）のうちたった 1％にマラリア耐性の遺伝子ドライブを入れれば，12 世代も経たないうちにこの属の集団全体に遺伝子ドライブが広がるだろうと見積もっています．蚊は繁殖のサイクルが短い生きものです．12 世代以内というと，1 年もしないうちにマラリアの新たな発生例が起こらなくなることになります．

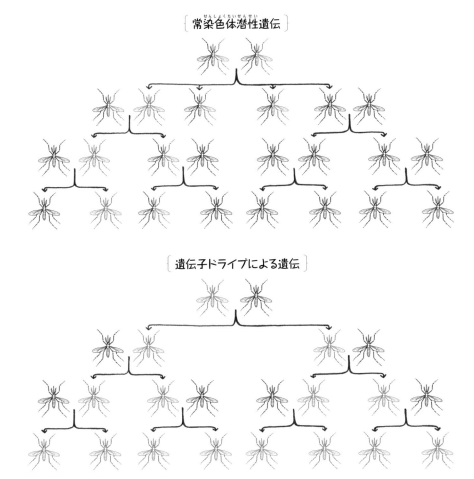

〔 **常染色体潜性遺伝** 〕

〔 **遺伝子ドライブによる遺伝** 〕

病気に耐性のある蚊をつくるのはいろいろとめんどうです.
代わりに，蚊をすべて駆除してしまえばよいのではないでしょうか?

止まれ
STOP

全部とはいわなくても，マラリアを運ぶ種類の蚊だけでも駆除してしまえばどうでしょう? そのなかでも，せめてメスだけは全滅させてもいいのではないでしょうか?

CRISPR を使った遺伝子ドライブで *doublesex* という遺伝子をノックアウトすることで，実はどちらの考えも実現できてしまいます. *doublesex* 遺伝子は，メスの蚊が女性としての体の部位を発達させるのに必要なタンパク質をつくります（そう，蚊の体にも男女の違いがあるんです!）. もし Cas9 のクローンによって *doublesex* 遺伝子が 1 つ残らずノックアウトされたら，将来生まれる世代の蚊はみんなオスになるでしょう. そうなれば，やがてマラリアはなくなり（思いだしてください，「男の子」の蚊は人を刺さないのでしたよね），ついには蚊という種全体がすっかりいなくなってしまうでしょう（だって，交配して子どもを残すには相手が必要なのですから……）.

ですが，そんな考えこそが，遺伝子ドライブに反対する人たちを夜も眠れないほど悩ませてしまいます. もちろん，蚊はうっとうしい存在ですし，そのくせに，何も大事なことはしていそうにありません（虫よけ薬の会社が仕事を続けられるのは蚊のおかげですが）. それでも，蚊という種全体が生き続けるか，死に絶え

るのかを，人間が決めてしまって本当によいのでしょうか? 全滅させなければならないほど害が大きいのはどの害虫なのか，決めるのはだれなのでしょう. その虫を滅ぼすための技術が虫以外に広がらないことをだれが保証してくれるのでしょうか?

そして，だれがそうした判断をすべきかを判断するときには，「蚊はパスポートをもたない」ということを忘れないようにしたいものです. 蚊は，別の国に入るために国境線や空港で立ち止まって許可をもらう必要はありません. たとえば，もしタンザニアでは「マラリアをなくすために FREP1 の遺伝子ドライブを使うのはよい方法だ」と考えていて，隣のケニアでは「遺伝子ドライブは危険が大きすぎる」と考えていたらどうなるでしょうか?

そう，危険な可能性はたしかにあるのです. あまりにも深刻なので，国際社会——研究者，政治家，一般の人びと，未来の世代の人びと——が制限や規制に合意できるまで，マラリア耐性のある遺伝子ドライブ蚊を野生に放すのは禁止してほしいと求めた人たちもいるほどです. 合意できるまでのあいだはワクチン，予防薬，蚊よけの網（蚊帳）など，すでに効果が証明されている方法にお金と資源を使ったほうがよい，という主張ももっともな話です.

メスとオスの蚊

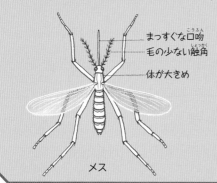

まっすぐな口吻
毛の少ない触角
体が大きめ

メス

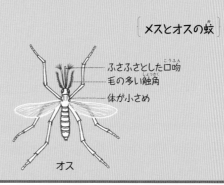

ふさふさとした口吻
毛の多い触角
体が小さめ

オス

現在使えるマラリアの予防法は，完璧というにはまだ遠いものです．

マラリアワクチンは完璧な効果があるわけではなく，効き目を発揮するのも一時的です．抗マラリア薬は値段が高く，副作用もあります．蚊帳は正しく使われていないこともありますし，たいていは毒性のある殺虫剤が塗られています．ワクチン，予防薬，蚊帳の3つすべてをもっと多くの人が使えるようにするために努力が続いていますが，それにもかかわらず，蚊は地球上にいるほかのどんな生きものよりも人間を苦しめています．さあ，そこで CRISPR が解決策になるかもしれません．

殺虫剤を使わなくても，CRISPR-Cas9 による遺伝子ドライブを使えば，マラリア原虫だけでなく，蚊によって運ばれるウイルス（黄熱病，デング熱，西ナイル熱，ジカ熱，チクングニア熱などのウイルス）もなくせるかもしれません（45 ページ「世界で一番危険な生きもの」を参考）．遺伝子ドライブの蚊から得られる知識をダニの遺伝子編集にも応用して，ダニがライム病をうつさないようにできるかもしれません．あるいは，コウモリを遺伝子編集して，狂犬病をうつすのを止めることもできるでしょう．

西ナイル熱
- アフリカ，ヨーロッパ，中東，北米，西アジアの国ぐにで見られる
- 発生件数は年によって異なる
- 症状の出ない人が多いが，20%の人はひどい発熱，頭痛，関節痛，発疹の症状が出て，さらに深刻な病気や死につながる可能性もある

黄熱病
- 南米やアフリカの熱帯・亜熱帯の国ぐにで見られる
- 発生例は年間 20 万件
- 症状は発熱，頭痛，黄疸，筋肉痛，吐き気，嘔吐，倦怠感など

デング熱
- 世界各地の熱帯・亜熱帯の国ぐにで見られる
- 発生例は年間 9,600 万件
- 症状は頭痛，ひどい関節痛，吐き気，発熱など

マラリア
- アフリカ，東南アジア，地中海東部，西太平洋，北米・中米・南米の国ぐにで見られる
- 発生例は年間3億件から5億件
- 症状は発熱，頭痛，筋肉痛，吐き気，嘔吐など

ジカ熱
- アフリカ，北米・中米・南米，アジア，太平洋島嶼部の国ぐにで見られる
- かかっている人が何人いるかはわからない
- 症状はとても弱いが，妊娠している女性が感染すると，生まれてくる子どもにウイルスが先天性疾患を引き起こす

チクングニア熱
- アフリカ，アジア，ヨーロッパ，インド亜大陸，太平洋島嶼部，北米・中米・南米の国ぐにで見られる
- 発生件数は年によって異なる
- 症状は発熱，関節痛，筋肉痛，発疹，頭痛，吐き気，倦怠感など

なんだかよさそうな案ですね．でも，このような力の使いかたには心配もつきものです．発展中の遺伝子ドライブ技術を応援する人たちは，すかさず「この技術にはたしかに元からの限界もありますよ」とつけ足します．遺伝子ドライブは，繁殖が速い生きもの，しかも，交配〔有性生殖〕によって増える生きものにしか効き目がないのです．

たとえば，通称「スーパーバグ」とよばれる多剤耐性菌（第5章で詳しく説明します）を改造するのに遺伝子ドライブを使うことはできません．細菌やウイルスは無性生殖——パートナーを探して交配する必要がなく，子どもは基本的に親のクローンになる生殖法——で増えるからです．また，遺伝子ドライブは生殖周期〔妊娠して子どもを産むまでの期間〕が長い種（たとえば人間や象など）にも役に立ちません．象の妊娠期間はふつう2年以上続き，一度に1頭の赤ちゃんしか生まれません．もし，象に遺伝子ドライブを組みこんだとしても，新しい形質が集団に影響をおよぼすほど広まるには何世紀もかかってしまうでしょう．

遺伝子ドライブは，人間が進化を理解するだけでなく制御することもできてしまうほど強力な新技術の代表例です．マラリアと戦うために遺伝子ドライブを使うのは心配でおそろしいことかもしれませんが，同時に，人間の苦しみを防いで何百万人，何千万人もの命を救える可能性もあります．だからこそ，CRISPRによる遺伝子ドライブに「すすめ」の青信号をだしてよいと考える人たちがいるのです．

世界で一番危険な生きもの

獰猛で，危険で，死を招く動物と聞いて，あなたが最初に思いつくのは何でしょうか？　サメでしょうか？　それともライオン？　もしかすると，鏡を見て「人間？」と予想する人もいるでしょうか．

もしこの質問が「どんな動物よりもたくさんの人間を殺す動物」についての話なら，さっきの答えはどれも外れです．答えは——（ドラムの音をどうぞ．ダララララ……ジャン!）——蚊です．ほかの動物は蚊の足元にもおよびません．

あのちっぽけな蚊のどこがそんなに危険なのでしょうか？　人の命をうばうのは，刺されることそのものではなくて，そのときにいっしょに入りこんでくる病原体です．蚊はマラリアのほかにもたくさんの病気を運びます．感染症にかかった人から血を吸ってから，まだ感染していない人からも血を吸うことで（食後のデザートみたいですね），蚊は病気をうつしてしまうのです．

725,000人

475,000人

50,000人　25,000人

10,000人　10,000人　10,000人　2,500人

〔1年間に命をうばわれる人の数〕

蚊

人間

蛇

犬

ツェツェバエ

サシガメ
〔肉食のカメムシ類〕

淡水に暮らす
カタツムリやナメクジ

回虫

CRISPR を使った遺伝子ドライブはたくさんの命を救うかもしれませんが，実施するなら注意しながら進めなくてはいけません．

遺伝子ドライブ技術によって，私たちの社会はまったく新しい領域に踏みこむことになります．1匹の動物，1本の植物の遺伝子を編集するのではなく，**1つの種全体**を変えてしまう話なのですから．CRISPR-Cas9を使って研究室でマラリア耐性のある蚊をつくる実験はこれまでにたくさんおこなわれてきましたが，遺伝子ドライブの蚊を自然界に放したらどうなるかについてはまだたくさんの謎があります．

蚊をすべて滅ぼしてしまったあとで，実は私たちが気づいていたよりも蚊がずっと重要だったとわかったらどうなるでしょう？　熱帯雨林の蚊を全滅させたら，その蚊を食べていた鳥たちはたぶんほかの昆虫を食べてお腹を満たそうとするでしょうし，蚊に花粉を運んでもらっていた植物たちは，ほかの昆虫や鳥に花粉を運んでもらうことになるでしょう．ただ，北極地方では話が違うかもしれません．北極地方の蚊がいなくなってしまったら（あえて全滅させた場合でも，マラリアに対抗するための遺伝子ドライブ蚊から北極地方の蚊に遺伝子が混じってしま

うような偶然の事故が起こった場合も），ツンドラで巣づくりをするたくさんの鳥たちが減ってしまったり，さらにはカリブーの群れの移動経路が変わってしまったりと，深刻な影響が出るでしょう．

また，遺伝子編集を受けた蚊がとてつもなく強くなってしまったらどうでしょう？　あるいは，私たちが予想しないような変化をしたら？　蚊に遺伝子ドライブを組みこむのは，地球に1億年以上も存在してきた種の自然選択と進化（47ページ「ダーウィンと自然選択説」を参考）の流れを変えるということです．人を食べる巨大な蚊……なんていうと低予算ホラー映画のあらすじみたいですが，遺伝子ドライブの蚊をいったん自然界に放すと，「もしこうなったら……」というたくさんの可能性がすべて野放しになって，止められなくなることをみなさんにお伝えしておきます．

このようなわけで，科学者たちは遺伝子ドライブの技術に対して使える安全対策を開発しようとしています．たとえば……

- 特定の種にしかないDNA配列に狙いを定めてノックアウトする高精度型遺伝子ドライブ
- 野生の蚊を，最初に用意した遺伝子ドライブから影響を受けないように変化させる免疫型遺伝子ドライブ
- 何世代か経ったら勝手に消えていく自己制御型遺伝子ドライブ
- 元の配列を復活させることができる可逆型遺伝子ドライブ
- 起こってほしくない変化を上書きできる追跡型遺伝子ドライブ

それぞれ，もし実現すれば「キルスイッチ」（オートバイやレース用自動車のエンジンを緊急停止させるスイッチ）のようなはたらきをするでしょう．何か問題が起こったときに遺伝子ドライブを止めることが（あるいは，逆回しにしてリセットすることも）できるわけです．こうしたキルスイッチの準備は，遺伝子ドライブのしかけを自然界に解き放つ前にしておかなければいけません．それに，遺伝子ドライブそのものを，キルスイッチを使う必要がなさそうなレベルにまで安全にしておくことも大切ですね．

ダーウィンと自然選択説

1859年，チャールズ・ダーウィンは『種の起源』という本を出版しました．この本によって，自然選択による進化の理論が世の中の人びとに向けて発表されました．ダーウィンの説は，植物や動物が遺伝形質の変化を通じて時とともに変わっていくようすを説明しています．

人間は20万年以上にわたって自分たちの周りの環境に適応してきた．これから20万年後には私たち人間の姿はどうなっているだろう？ まだ狩りや農業ができるだろうか？ それとも，自分たちのつくった機械から離れたら生きていけなくなっているのだろうか？

　　自然選択説の基本の考えは「自分のいる環境によりよく適応できるように変化する生きものは，生き残って子どもを残す可能性が高い」というものです．アマガエルを例に考えてみましょう．アマガエルには緑色のものと灰色のものがいます．もし熱帯雨林で暮らすなら，鮮やかな緑の木の葉にまぎれて身を隠すのに緑色の体が役立つでしょう．お腹を空かせた蛇や鳥から見つかりにくくなりますからね．でも，もし北のほうにある森だったら，緑色の体でいると目立ってしまい，腹ぺこの捕食者たちの標的になってしまいます．この環境では，灰色の体のほうが乾燥した樹皮にまぎれて目立たず，選択優位性があります〔「生き残りやすくなったり，子どもを残しやすくなったりする」という意味です〕．

　　こうした変化（適応）はどこから生まれるのでしょう？ それは，私たちを支えてくれるおなじみの遺伝子たちです．第3章で出てきた，DNAがコピーされるたびに写し間違い（変異）が起こるという話を思いだしてください．この写し間違いがときどきラッキーな偶然を起こしてくれることがあります．たとえば，緑の色素をつくるのに使われていた遺伝子の暗号が変異して，かわりに灰色の色素ができるようになる，といった場合です．

　　アマガエルの例からもわかるように，変化がよいはたらきをするか，それとも悪いはたらきをするかは，暮らしている場所によって違います．第3章では，マラリアにかかる危険性の高い地域では鎌状赤血球形質が有利にはたらくという話もしました．でも，世界のほかの地域にいたら？ 鎌状赤血球形質をもっていても，鎌状赤血球貧血症の子どもができる確率が高まってしまうだけで，役に立つことはありません．

突然変異体の蚊　47

鋭い質問
Cutting Questions

害虫駆除？

　歴史のなかのある時点で，人間は，環境に対応して生きていくのに「適応」だけに頼るのをやめ，かわりに，自分たちの必要に合わせて**環境のほうを変化させる**ことを始めました．

　環境を変化させる例としては，「私たちと同じ空間に暮らす種を変化させる」というものがあります．たとえば，私たちは，どんな植物がどこで暮らすかを自然の力に決めさせるよりも，自分たちで選んだ品種の植物を庭で育てようとします．庭のなかでは水や肥料などといった要素を自分で管理できて，「害虫」を追い払ったり「雑草」との競争をなくしたりできます．CRISPR での遺伝子ドライブを使えば，自分たちが育てたい植物に「肥料」の遺伝子を入れたり，害虫に「毒」の遺伝子を入れたりして，同じことをもっと素早く簡単に達成できます．うっとうしい蚊の遺伝子を編集して，さっさと全滅させることもできてしまうかもしれません．

　「自分たちの種が確実に生き残るために，別の種をまるごと駆除してしまうなんて，さすがにやりすぎだ」と考える人たちもいます．そんなことをするのは「神様ごっこ」だとさえいわれてきました．一方で，「人間の進化は続いていくのだから，私たちは知識を使って，自分たちの周りの世界を管理するための技術を開発しなければならない」と考える人たちもいます．

みなさんはどう考えますか？
私たちは自分たちの環境をできる限り細かく管理して支配するべきでしょうか？
それとも，ほかの種が生きるか死ぬかはそれぞれの種に任せたほうがよいでしょうか？

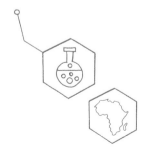

がんは
過去の病気？

　鎌状赤血球貧血症とは違って，がんは単一遺伝子疾患ではありません．遺伝子の影響を受ける病気ではあるのですが，たった1つの遺伝子の変異で起こるわけではありません．それに，めずらしい例外（61ページ「BRCA」で紹介します）を除いては，親から受けついだ変異ではなく，その人の生涯を通じて積み重なった変異ががんにつながっていくのです．

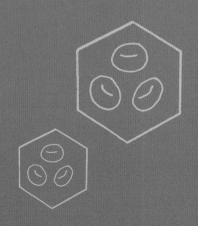

がん細胞は、もともとはごく普通の細胞です。命をうばう危険な存在になる前は、皮膚の細胞だったり、肺の細胞だったり、胃の細胞だったり……そう、どこにでもあるような普通の細胞なのです。この本で前にお話ししたように、細胞が核のなかの取扱説明書〔ゲノム〕のコピーをつくるときには写し間違いが起こります。間違いが少なければ、細胞はゲノムの取扱説明書の指示を守りつづけることができるかもしれません。でも、間違いが積み重なっていくと、まるで、バインダーが壊れてたくさんのプリントが床に散らばってしまったときのように、説明書の中身がめちゃくちゃになってしまいます。

変異の数が増えるにつれて、細胞は速く分裂するようになっていきます〔分裂が速くならない場合もあります〕。分裂のたびに30億個の塩基対をすべてコピーするので、写し間違いはさらに増えていきます。その結果、がん細胞の分裂が止まらなくなってしまったもともとの原因はどの変異だったのか、研究者たちが突きとめるのは難しくなります。違った種類のがんを予防し、診断し、治療するうえでは、それぞれの種類のがんがどのような変異によって起こるのかを知ることが重要ですが、それがやりにくくなってしまうのです。

2003年以降、私たちは人間のゲノム全体の塩基配列を知ることができるようになったのですが〔人間（ヒト）のゲノム全体の塩基配列を読みとる研究「ヒトゲノム計画」が1990年から2003年にかけておこなわれました〕、私たちはたくさんの遺伝子の大部分が何をしているのかまだ知りません。また、第2章でお話しした DNA の「非コード領域（ノンコーティング領域）」の大部分が何をしているのかも、まだわかっていません。そこで登場するのが CRISPR です。がん

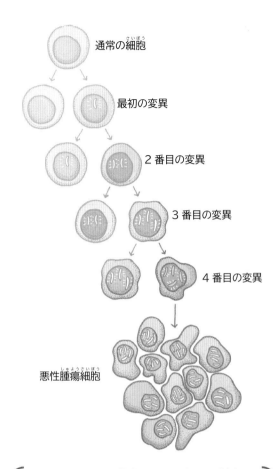

通常の細胞

最初の変異

2番目の変異

3番目の変異

4番目の変異

悪性腫瘍細胞

DNA の変異は、日光や放射線、たばこの煙などの環境因子によって引き起こされることもあれば、複製中の写し間違いによって起こることもある。変異が積み重なるにつれて、細胞の増殖が止まらなくなり、やがて腫瘍になる。腫瘍が他の細胞のあいだにまで入りこみはじめると、体に悪さをするようになる（悪性腫瘍）。これが「がん」とよばれる。

など、いくつかの原因が組み合わさって起こる病気をより深く理解するうえで、CRISPR の技術が研究者たちの役に立ってきました。

■がんをノックアウトできる？

手順はわずか2段階です。①遺伝子を1つノック

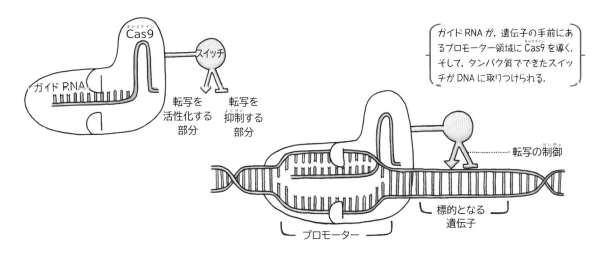

ガイド RNA が，遺伝子の手前にあるプロモーター領域に Cas9 を導く．そして，タンパク質でできたスイッチが DNA に取りつけられる．

Cas9

スイッチ

ガイド RNA

転写を
活性化する
部分

転写を
抑制する
部分

転写の制御

標的となる
遺伝子

プロモーター

アウトする．②何が起こるのか見てみる．これだけです．CRISPR-Cas9 はとても正確で精度も高いので，複数の遺伝子を違った順番でノックアウトするようにプログラムして，がんなど，複合的な原因によって起こる病気の発症や進行のようすをシミュレーションすることもできるでしょう．最新の研究では，1 つの細胞に対して CRISPR で 13,000 か所以上の編集をおこなうこともできたそうです！

ただ，がんの原因となる変異は遺伝子のなかで起こるものだけではありません．タンパク質を組み立てるための説明が始まる場所には「はじめ」を示す 3 文字のコドンがありますが，それよりも前の部分には，この遺伝子をいつ使うか（あるいは，いつ使わないか）という情報が書かれています（この部分を「プロモーター」とよびます）．あるタンパク質をつくらなければいけないときには遺伝子をオンにして「活性化」させ，必要のないときにはオフにして「不活性化」させる，スイッチのようなしくみがあると考えてください．遺伝子のスイッチをオンにすることを「遺伝子発現」とよびます．遺伝子のスイッチを本来とは違うタイミングでオン（あるいはオフ）にしてしまう変異は，

がんを引き起こすことがあります．そこで，科学者たちは CRISPR-Cas9 を改造して，**遺伝子発現を調節する**しくみも開発しました．この改造版のしくみでは，Cas9 複合体のなかにあるヌクレアーゼのタンパク質を，別のタンパク質分子でできたスイッチと置き換えています．ガイド RNA を使ってゲノム DNA のなかから 20 塩基の配列を探すのは同じですが，狙うのは「はじめ」のコドンより前にあるプロモーター部分の配列です．ヘリカーゼを使って DNA の二重らせんをほどいたあと，二本鎖を切るかわりに，タンパク質でできたスイッチを DNA にくっつけます．スイッチの種類によって，プロモーターの隣にある遺伝子を発現させるか，抑制するかが変わります．

この研究は，よくハツカネズミ（マウス）を使っておこなわれます．マウスは人間の病気のしくみを調べるすばらしいモデル〔研究の見本〕として使えることが多いからです．なぜでしょう？　それは，マウスの遺伝子の 85％が人間と共通していること，免疫，神経，心臓や血管，筋肉などのしくみが似ていること，実験室でよく繁殖することなどが理由です．

CRISPR を使うことで，いろいろな種類のがんの

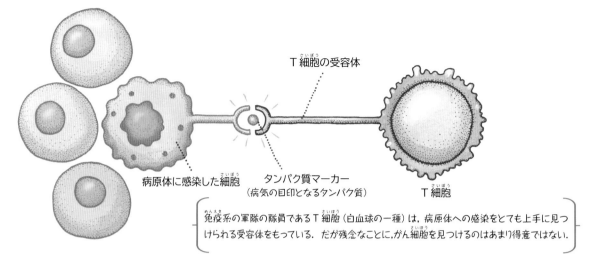

T細胞の受容体

病原体に感染した細胞

タンパク質マーカー
（病気の目印となるタンパク質）

T細胞

免疫系の軍隊の隊員であるT細胞（白血球の一種）は，病原体への感染をとても上手に見つけられる受容体をもっている．だが残念なことに，がん細胞を見つけるのはあまり得意ではない．

モデルとなるマウスがつくられてきました．マウスモデルは，がんの原因を知るのに役立つだけでなく，がんとの戦いを進めるためにも使われています．

■免疫療法

さて，ここから話はますますおもしろくなってきます．これまでに，CRISPRを使ってがんを発症するマウスをわざとつくる実験がおこなわれてきました．では，そのマウスを治療するのにもCRISPRが使えるでしょうか？

人工的につくったがんを同じ方法で治す——つまり，最初に変異を入れた遺伝子たちを改めて編集する——というのは，たしかに理屈が通っています．このやりかたは，マウスががんを発症する前の段階だったら使えるかもしれません．でも，いったん腫瘍が増えはじめたら，細胞分裂のたびに積み重なっていく変異をすべて修正するのはほとんど不可能に近いことです．

また，がん細胞の遺伝子を編集して，いま使われている薬の効果が上がるようにするというやり

かたもあります．たとえば，ある1つの遺伝子をCRISPR-Cas9で壊すだけで，肺がんの細胞に化学療法を効きやすくすることができます．また，ある種類のがんが生きのびるのに必要なのはどの遺伝子かをCRISPRで突きとめて，その遺伝子に狙いを定めた薬を開発することもできます．

そして，がんという病気は，増殖が止まらないがん細胞と，侵略に対抗する健康な細胞のあいだの戦争です．がん細胞に狙いを定める代わりに，健康な細胞がこの戦いに勝てるように手助けをしてあげたらどうでしょうか？　これが，**免疫療法**という治療のもとになっている考えかたです．体がもともともっている免疫系に，がん細胞を見つけだして殺す能力を与えるのが免疫療法です．

免疫療法がはたらくしくみを理解するには，細胞どうしが情報をやりとりするしくみを少し知っておくと役に立ちます．私たち人間の指紋が1人ずつ違っているように，動物の細胞を包む膜にはいろいろな種類のタンパク質が埋めこまれていて，周りの細胞が相手を見分けるのに役立っています．また，細胞膜には，

周りで起こっているできごとを感じとる**受容体**——潜水艦の乗組員が水上のようすを見ることができる潜望鏡のようなもの——もあります．細胞膜の受容体は外からの信号を受けとり，どのように対応するかを細胞に伝えます．細胞はこの「識別＆反応」のしくみのおかげでたくさんのことができます．たとえば，膜にある門（「チャネル」とよばれます）を開けて，栄養になる分子がなかに入ってこられるようにするのもそうですし，細菌やウイルスと戦うために武装できるのも，受容体が敵を見つけてくれるおかげです．ところが，がん細胞はＴ細胞（免疫系のなかでも最初に敵に向かっていく歩兵）から隠れる達人です．自分の正体がわかってしまうタンパク質を隠すことから，Ｔ細胞を眠らせる分子を放出することまで（なかなかひきょうな戦いかたをしてきますね），がん細胞は姿を隠すためにいろいろな技をくりだします．

こんなふうに隠れ上手ながん細胞をやっつけるため，Ｔ細胞はいくつも工夫をしてきました．その１つが，免疫系の別の隊員，Ｂ細胞の助けに頼ることです．Ｂ細胞には，がん細胞の細胞膜にある特殊なタンパク質を見つけられる超能力があります．ただ，Ｂ細胞にはＴ細胞のように敵を殺す力はありません．では，２種類の細胞を合体させたら？　こうして誕生したのが，暗殺マシーン「スーパーＴ細胞」です．

さらに効果を上げるために，患者さんひとりひとりのがんの特徴を調べてプロフィール表をつくり（その人の「いいところリスト」をつくるのとは反対で，がんの「悪いところ（遺伝子変異）リスト」をつくります），それに合わせた改造型のスーパーＴ細胞をつくることもできます．マウスモデルを使った研究では，CRISPRによってＴ細胞をさらに速く，さらに安い費用で，さらに正確につくり変えられるようになっています．「正確に」というのはとくに大切な特徴です．なぜかというと，Ｔ細胞はいったん武器をもって戦い始めたら，敵をどんどん追いかけて容赦なく殺していくからです〔もし健康な細胞まで「敵」と判断してしまったらたいへんですよね〕．そして，CRISPRのおかげで，研究者たちはこの免疫療法をさまざまな種類のがん（血液のがん，脳のがん，肺のがんなど）に試せるようにもなりました．

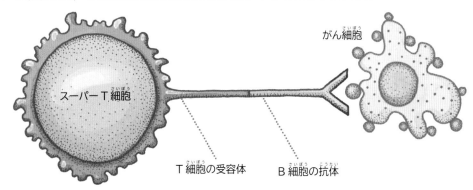

スーパーＴ細胞

がん細胞

Ｔ細胞の受容体　　　Ｂ細胞の抗体

遺伝子工学によって，Ｔ細胞の受容体にＢ細胞がもつ認識能力を追加する．こうしてできた「スーパーＴ細胞」の受容体は，「がん細胞と戦え」とスーパーＴ細胞に指示を送る．

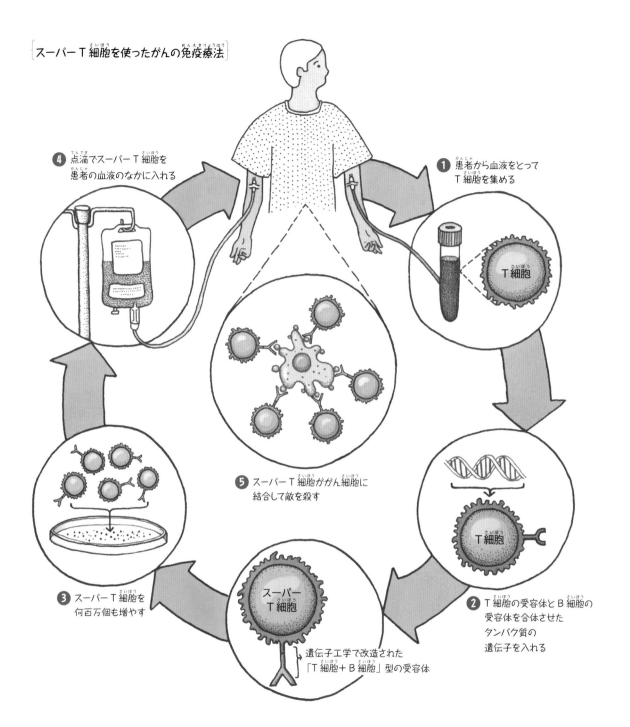

スーパーT細胞を使ったがんの免疫療法

❶ 患者から血液をとって
T細胞を集める

T細胞

❷ T細胞の受容体とB細胞の
受容体を合体させた
タンパク質の
遺伝子を入れる

T細胞

❸ スーパーT細胞を
何百万個も増やす

遺伝子工学で改造された
「T細胞＋B細胞」型の受容体

スーパー
T細胞

❹ 点滴でスーパーT細胞を
患者の血液のなかに入れる

❺ スーパーT細胞ががん細胞に
結合して敵を殺す

生物兵器を使った戦争?

　生物兵器というのは，別の生きものを攻撃するためにつくられた生きもののことです．ある決まった植物や動物にとって毒になる物質や，ウイルスや細菌などの病原体も生物兵器といえます．生きものの遺伝子を CRISPR で編集して生物兵器に変えてしまう方法がいくつかあります．

生物テロの手口 (1)：スーパーバグ (超多剤耐性菌) をつくる

　細菌も自然選択 (47 ページ「ダーウィンと自然選択説」を参考) を受けます．なかには，細菌を殺す薬が効かなくなる遺伝子変異がたまたま起こり，そのおかげで生き残っている細菌 (薬剤耐性菌) もいます．CRISPR を使えば，細菌の遺伝子をわざと変異させて，いくつもの抗生物質に耐えられる**多剤耐性菌**につくり変えることもできるでしょう．そうすれば，細菌による感染症は治療できなくなります．

　また，天然痘などの感染症を起こすウイルスを復活させるのにも CRISPR が使えるでしょう．天然痘は世界中から撲滅され，1980 年に「天然痘はもう発生しない」という根絶宣言が発表されましたが，それまでのあいだには 3 億人から 5 億人ほどの命がうばわれました．天然痘を予防するワクチンはありますが，今は使われていません．ワクチンを打つ前から免疫をもっている人はとても少ないので，もし天然痘ウイルス (またはその偽物) が放たれたら，感染がすぐに広まってしまうでしょう．

生物テロの手口 (2)：生体化学物質を操作する

　CRISPR を使うと，細胞のゲノムを編集して，その細胞自身を殺すタンパク質をつくらせることができるでしょう．また，細胞が生きていくために必要な仕事をおこなうタンパク質をつくらせないようにすることもできるでしょう．どちらの場合も，遺伝子を編集された細胞は最終的に死んでしまい，あとかたもなく消えてしまうでしょう．

　さらに話を一歩進めて考えてみます．細胞膜にある特別なタンパク質を目印に，がん細胞を見つけて倒す——T 細胞を改造すればこんなことができるのでしたね．それなら，同じように T 細胞を改造し，ある家系や家族，性別の人だけがもっているタンパク質を目印にして細胞を倒すこともできてしまいます．この技術を使って，ある特定の人たちだけに効く生体毒をつくれてしまうかもしれません．

「がんとの戦争では，使える武器は全部使う」——この考えに反対する人は
あまりいません．では，ほかの病気との戦いにもその武器を応用できないでしょうか．

人びとの３分の１から２分の１ほどは，生きているう
ちにがんになります．北米〔カナダ，アメリカなど〕では，人
が亡くなる原因として１番多いのは心臓病で，２番めに多
いのががんです〔日本ではがんが１番め，心臓病が２番めです〕．

ただし，この章で紹介してきたような研究を進める理由
はほかにもあります．

まず，動物モデルを使った研究でできるのは，何もがん
を発症するマウスをつくることに限りません．人間がかかる
ほかの複雑な病気や症状のことを調べるために，科学者た
ちはありとあらゆるモデル（うつ状態の猿もいれば，肥満に
なりやすいうさぎもいます）を使って研究に取り組んでいま
す．CRISPR を使った遺伝子編集で，動物の体のなかで薬
をつくらせたり，人間の臓器移植のドナーになる豚をつくっ
たりすることもできます．

また，免疫療法でがんを治療するために CRISPR-Cas9
を使うことで，HIV（57 ページ「こっそり攻撃してくる
HIV」を参考）と戦うための新しい強力な道具も手に入り
ました．細胞の受容体の遺伝子を編集すれば，新型コロナ
ウイルスなどのウイルスが人間の細胞に入りこんで感染症
を起こすことも防げるかもしれません．

最後にもう１つ．遺伝子の発現がどのように調節され
ているのかを探る研究が，CRISPR を使って進められてい
ます．遺伝子の発現調節についての知識は，いつか，狙っ
た細菌に対抗する抗生物質をつくるためにも使えるかもし
れません（55 ページ「生物兵器を使った戦争?」を参考）．
もしかしたら，抗生物質なんて全然いらなくなってしまう，
ワクチンのような B 細胞をつくることもできてしまうかも
しれません．

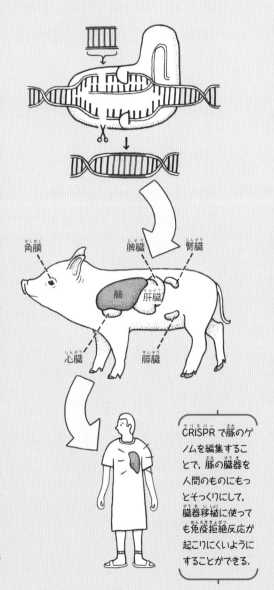

角膜　脾臓　腎臓

肺　肝臓

心臓　膵臓

CRISPR で豚のゲ
ノムを編集するこ
とで，豚の臓器を
人間のものにもっ
とそっくりにして，
臓器移植に使って
も免疫拒絶反応が
起こりにくいように
することができる．

こっそり攻撃してくる HIV

ヒト免疫不全ウイルス（**h**uman **i**mmunodeficiency **v**irus）——「HIV」という名前のほうがよく知られています——は，後天性免疫不全症候群（**a**cquired **i**mmuno**d**eficiency **s**yndrome：AIDS）を引き起こします．そのしくみはどうなっているのでしょう？ HIV は「CD4」という受容体をもつ T 細胞を狙って攻撃します．危険な敵だということが相手にばれないよう，HIV はタンパク質を使って変装しています．そして，CD4 受容体を入り口にしてこっそりと T 細胞に侵入します．

T 細胞のなかに入った HIV は，自分の遺伝情報を書き写した DNA を T 細胞のゲノムに取りこませて，自分の分身をつくらせます．HIV は T 細胞のなかでどんどん増えて，やがて T 細胞の軍隊を全滅させてしまいます．こうなると，体はほかの病原体が引き起こす感染症にも勝てなくなってしまいます．

CRISPR-Cas9 を使って T 細胞のゲノムを編集すれば，HIV が入り口として使う受容体をなくして，この侵略を止めることができます．入り口がなければ，AIDS も起こらなくなるはずです．

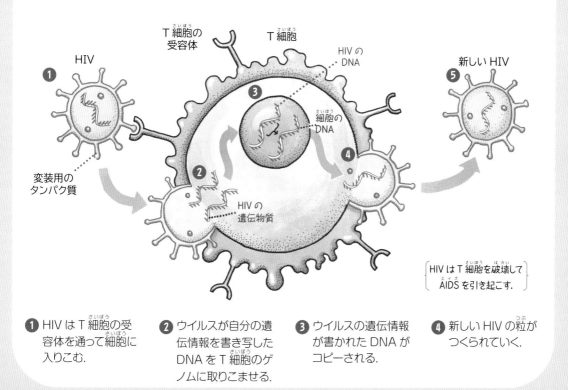

① HIV は T 細胞の受容体を通って細胞に入りこむ．

② ウイルスが自分の遺伝情報を書き写した DNA を T 細胞のゲノムに取りこませる．

③ ウイルスの遺伝情報が書かれた DNA がコピーされる．

④ 新しい HIV の粒がつくられていく．

HIV は T 細胞を破壊して AIDS を引き起こす．

CRISPR を人間のがんの治療に使えるようにする前に，
CRISPR を使った治療法が安全なこと，効果があることの
両方を確かめておかなければいけません.

CRISPR を使った治療法が人間に使えるようになる前に，いくつか大事なことを確認しておかねばなりません.

第3章で少しお話ししたように，CRISPR-Cas9 は病気を治すだけでなく，逆にがんを引き起こしてしまうかもしれないのが心配です. 狙った遺伝子とは違う遺伝子をノックアウトしてしまったり（オフターゲット編集），細胞のなかの修復システムが間違いを起こしてしまったりする危険があるのです. 同時にいくつも遺伝子を編集すれば，当然，この2つの危険はさらに大きくなります.

科学者たちはこうした問題に取り組んでいるほかに，Cas9 複合体を細胞のなかに届けやすくする方法も調べています. 今の時点で，Cas9 を細胞に入れるために一番よく使われているのは，なんと，私たち生きも

のにとっての小さな宿敵，**ウイルス**です. ウイルスは生きものの細胞に感染し，DNA を相手のゲノムに送りこみながら暮らすので，Cas9 複合体の遺伝子も上手に運べるのです. 遺伝子編集に使われるウイルスは，人間の体のなかで病気を起こしたりはしません. ウイルスベクター〔遺伝子の運び屋になる改造ウイルス〕をつくるときに，病気を起こす遺伝子を取り除いてあるからです. ただし，ウイルスベクターにも限界はあります. ウイルスベクターは少量の DNA しか運べません. また，役目が終わっても細胞の周りをうろうろしていて，なかなかいなくなってくれません. 免疫応答〔免疫系からの攻撃〕を引き起こすこともあります. それに，ときどき勝手にほかの場所の DNA をいじりはじめてしまうこともあるのです.

こうしたいろいろな理由から，科学者たちは Cas9 を細胞に届けるためのほかの方法を探しています. ウイルスベクターの代わりに使えるしくみの例を見てみましょう.

・**ナノ粒子**　Cas9 をとても小さな粒（ナノ粒子）に背負わせて，細胞のなかに入らせる方法です. ミニサイズの包みに入れた Cas9 複合体を，細胞膜のチャネル（53 ページを参考）を簡単に通り抜けられる粒（脂肪の分子や金粒子など）にくっつけます.

・**光**　この方法では光を当てると形が変わるナノ粒子

を使います. この粒は，細胞の核に入ったあと，外から光が当たるまでは Cas9 をしっかり捕まえて離しません. 細胞に光を当てると，Cas9 が粒から解放されて遺伝子の編集をはじめます.

・**電気ショック**　細胞にビリッと電気ショックを与えると，細胞のガードがゆるくなり，粒などに乗せなくても Cas9 をなかに入れてくれます.

・**顕微注入**　その名の通り，顕微鏡で見なければいけないほど小さな注射針を使って細胞に Cas9 を入れる方法です. 顕微注入は動物モデルをつくるときによく

使われます．植物の細胞に直接 CRISPR-Cas9 のセットを入れる場合は，顕微注入よりも，遺伝子銃（ジーンガン）〔粒子銃（パーティクルガン）ともいいます〕で打ちこむ方法のはつがよく使われます．

Cas9 をどんな種類の細胞に届けたいのか，そして，体のなかと外のどちらで処理をするかによって，一番よい方法を選ぶ基準は変わってきます．人間の病気を治すために CRISPR を使うなら，Cas9 の包みが必ず正しい場所に届くようにすることが大切です．もし届け先を間違えたら，治療によって思ってもいなかった影響が出てしまうかもしれません（たとえば，狙っていたのとは違う免疫細胞の受容体をノックアウトしたくはありませんよね）．それから，医師たちは，できることなら細胞に入ったあとに Cas9 のはたらきを止められる「キルスイッチ」（第 4 章の説明を参考）もほしい，と考えています．そうすれば，何かおかしなことが起こったり，もう Cas9 がいらなくなったりしたときに Cas9 を止めることができます．

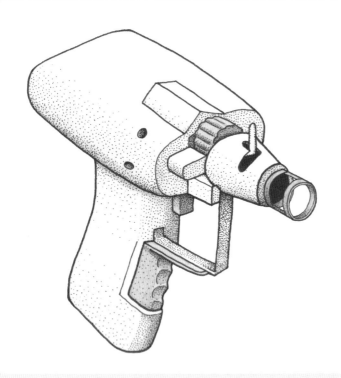

最初の遺伝子銃は，エアガンを改造してつくられたものだった．最近のものは，圧縮ヘリウムを発射して，DNA を塗った粒子を勢いよく細胞にぶつける．

止まれ
STOP

CRISPRが人間のがんの治療に使われるのは，「CRISPRを使った治療法で，がんを治す例より起こす例が多くなったりはしない」と確かめられてからだ——研究者たちはそう信じています．

別に，これはお人よしの甘い考えというわけではありません．厳しい科学研究によって安全性が確認できなければ，政府機関もCRISPRを使った治療法を許可してくれないでしょうから．ただ，それでもまだ心配の種はあります．

バイオテクノロジー企業（生きものを使って薬などの製品をつくる会社）の株は，現在の株式市場でとくによく取引されています．そのなかには，CRISPRの技術を使うためにお金をたくさんつぎこみ，社名に「CRISPR」という言葉を入れている会社もあるほどです！　株式を公開しているCRISPR企業のなかでもとくに大きな3社は，これまでに1社につき10億ドルもCRISPRにお金を使っています．それなのに，この3社の製品やサービスはどれもまだ研究開発段階です（つまり，この3つの会社は売るものをまだ何ももっていません．少なくとも，今の時点では売りだせる商品ができていないのです……）．

もし遺伝子編集で製品をつくって市場に売りだすことができなかったら，こうした会社の人たちは，同じ技術を使ってもっとお金がもうかる方法を探しはじめたりはしないでしょうか？　たとえば，この技術を一番高い値段で買ってくれる人たちに（相手が何をたくらんでいるかは無視して）売ってしまうとか？　こうして，私たちは滑りやすい坂道（20ページを参考）を転げ落ちはじめ，悪事の雪崩に飲みこまれてしまうかもしれません．

アメリカの情報機関（テロや戦争などにかかわる秘密情報を調べる政府組織）の職員たちは，遺伝子編集技術は大量破壊兵器に使われる可能性があると主張してきました．とくに心配なのが，遺伝子編集で生物兵器がつくられることです（55ページ「生物兵器を使った戦争？」を参考）．遺伝子工学でつくられたスーパーウイルスから，特定のDNA配列をもった人だけを狙う兵器まで，その危険は間違いなく身近に迫っています．CRISPRは多くの技術と同じように，よい用途と悪い用途，どちらに使われる可能性もあります．ただ，「CRISPRは平凡なテロリストにも

使えるほど簡単でお金のかからない技術だ」と考えるのは大げさすぎます．科学の知識や経験がないテロリストが大きな被害を起こすには，CRISPRよりももっと簡単な方法があるのですから．ですが，遺伝子編集に人生を——そしてたくさんのお金を——かけてきた科学者がテロリストだったら，話は別かもしれません．

こうして，破産しそうになったマッドサイエンティストが次の世界大戦をはじめる（あるいは終結させる）危険性があるのはおそろしいことです．しかし，それ以上に怖いのは，CRISPRの技術がこれまで生物学・医学の世界で見たこともなかったほどの速さで発展しているという，まぎれもない事実です．この急なペースに，監視や取り締まりをおこなう人たちがついていくのはたいへんです．遺伝子編集を使う会社の製品の売り上げをあてにしている株主たちからたくさんのプレッシャーを受けるなか，規制のルールを決めるのはなおさらたいへんでしょう．

監視や取り締まりをおこなう人たちにきちんと役目を果たしてもらうにはどうしたらよいでしょう？　そして，もしCRISPRによる治療法が許可されたら，それで危険な目にあうかもしれない人たち，よいことがあるかもしれない人たちに，私たちはどのように正しい知識を伝えていったらよいでしょう．

どんな薬にも副作用があります（薬の説明書には細かい字でたくさんの注意が書いてありますし，カナダやアメリカのテレビで流れる薬のコマーシャルでは，その薬を使ったときに起こるかもしれないすべての副作用をとんでもない早口で読みあげます！　頭がおかしくなりそうなほど速いんですよ）．ただ，普通の薬だったら，使うのをやめればたいてい副作用もなくなります．ところが，CRISPR-Cas9の場合は間違いが**人間のゲノムのなか**に取りこまれます．つまり，変化がずっと残るだけでなく，細胞分裂のたびにコピーされて広がってしまうのです．おそろしいことです．

BRCA

BRCA1 と *BRCA2* は人間の遺伝子で，腫瘍ができないように抑制する（抑える）タンパク質をつくります．*BRCA1* と *BRCA2* がつくるタンパク質は，DNA の傷を修復するのが仕事です．傷といってもいろいろなものがありますが，このタンパク質たちが直すのは，放射線や環境からの影響によって二重らせんがちぎれた部分です．こうした傷を放っておくと，ゲノムがだんだんとばらばらになってしまって，最後には中身をまったく読みとれなくなってしまいます．この章の最初のほうでお話しした，バインダーが壊れてプリントが散らばってしまった状態です．

BRCA1 と *BRCA2* のほかにも腫瘍を抑制する遺伝子はあります（1 人の人が生きているあいだには DNA にいろいろな種類の傷ができます．その全部に対応するために，細胞にはたくさんの修復タンパク質が必要なんです）．でも，「この遺伝子の変異を受けつぐと，がんになる可能性が高くなりやすい」という遺伝子は少ししかありません．そのほんの少しのうちの 2 つが，*BRCA1* と *BRCA2* です．

BRCA1 か *BRCA2*，どちらかの遺伝子の変異型を 1 つ受けついだ人は，細胞でつくられるはずの腫瘍抑制タンパク質がつくれなくなってしまいます．必ずがんを発症するというわけではないのですが（生きているあいだにほかの変異が積み重ならないと細胞はがん化しません），乳がんと卵巣がんという 2 種類のがんにかかる危険性が高いのはたしかです．

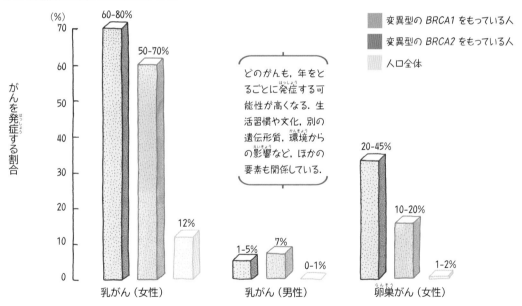

がんは過去の病気？ 61

BRCA1 や *BRCA2* のように1つの遺伝子の遺伝性変異と相関しているがんは，がん全体の 5% 未満です．でも，もし親戚のなかにがんの人がたくさんいる場合——どの世代にもがんの人がいる，同じ種類の細胞から始まったがんが多い（例：乳がんの人が何人もいる，大腸がんの人が何人もいる），若いときにがんになった人がいるなど——には，遺伝カウンセリングと遺伝子検査を受けて，がんになる可能性が高いかどうか判断するのに役立てるのもよいかもしれません．

動物を使った試験

　これまで 100 年以上のあいだ，医学の大発見や大発明のほとんどは動物実験を通じておこなわれてきました．ワクチンも，薬も，手術で体のなかに変化を加えるのもそうです．人間の役に立てるために動物を苦しめるのは，残酷で非道徳的だと考える人もいます．一方で，人間の苦しみを防ぐためなら，ほかの選択肢がない場合に動物での試験をすることは必要で，許されると考える人もいます．

みなさんはどう考えますか？
私たちは人間がもっと健康になれるように，
動物を使って CRISPR などの技術を発展させるべきでしょうか？

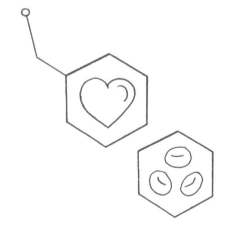
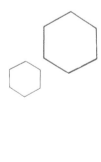

完璧な
じゃがいも

　ここで病気の話はいったんお休みにして，もうちょっと食欲のわく，わくわくするような話題に移りましょう．そう，食べ物です！　この話も見逃せません．だって，CRISPRはもうすぐあなたの身近な料理のなかにもやってくるんですから！

　遺伝子編集が使えそうな用途はいろいろありますが，おそらく最初は食べ物に使われることになるでしょう．なぜって？　それは，私たちのもとに届く食料は今でも〔CRISPRの技術が使えるようになる前から〕すでにたっぷり遺伝子組換えを受けているからです．

　いったいどこからどこまでが「遺伝子組換え生物（GMO）」なのかについては人によって意見が違いますが（19ページ「遺伝子工学って，正確にいうとどんなこと？」を参考），遺伝子組換え生物がすでに私たちの食料流通網に入っていることはみんな知っています．北米〔カナダ，アメリカなど〕のスーパーマーケットで売っている加工食品のうち，最大でなんと75％の商品に遺伝子組換え原料が使われているという推定もあるほどです．そして，とうもろこし，大豆，綿花など，世界でとくに多くつくられている農作物の90％以上が遺伝子工学によって改良された品種なのです．

■超優秀な花丸ポテト

さて，世界中の科学者たちは遺伝子編集技術をさらに別の重要な作物にも応用しようとしています．それは，ファストフードが好きな人からフランス料理を愛する人まで，みんなにとって大事な作物であるじゃがいもです．じゃがいもは育てるのが簡単なことで有名で，世界のあちこちで栽培されていますが，おいしいじゃがいもを大量に育てるのはなかなか難しく，栽培がうまくいくかどうかは危険な賭けです．

畑に植えられたじゃがいもは，ウイルス，細菌，真菌〔カビやキノコの仲間〕などの攻撃にさらされます．研究者たちは何十年もじゃがいものゲノムをいじり続け，病気への耐性をつけさせようとしてきました．これまではほかの種の DNA 配列をじゃがいものゲノムに差しこんで「遺伝子導入生物」をつくる方法が一番よく使われてきましたが，CRISPR を使うと，じゃがいもが元からゲノムのなかにもっている遺伝子をいくつかノックアウト（18 ページを参考）して耐性をつけさせることができるかもしれません．

病気になりにくいじゃがいもができれば，農家にとっても，じゃがいもを買う消費者にとってもたいへんありがたい話です．殺虫剤などの農薬を使わなくてもじゃがいもが育つようになるからです．ヨーロッパや北米では農薬をまく量を抑えられる（さらに，ゼロにもできる）かもしれません．もしそうなれば，人

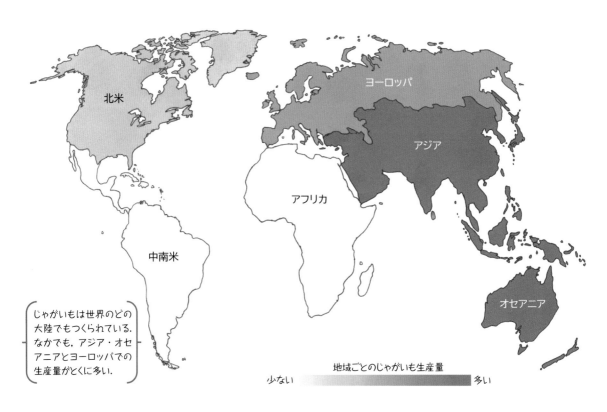

じゃがいもは世界のどの大陸でもつくられている．なかでも，アジア・オセアニアとヨーロッパでの生産量がとくに多い．

地域ごとのじゃがいも生産量

少ない　　　　　多い

間の健康にも環境安全にもよさそうです．それに，高価な殺虫剤を買えないたくさんの国では，今後，CRISPR でできたじゃがいもが飢饉を防いで人びとの命を救ってくれるかもしれません．

CRISPR はじゃがいもの収穫後も役に立ちそうです．じゃがいもの塊茎〔いもとして食べる部分〕は出荷や調理の前に長い間保存されることが多いのですが，そのあいだに，塊茎のなかのでんぷんが糖へと自然に変化していきます．「低温糖化」とよばれる現象です．それ自体はとくに問題ではないのですが（甘いもの好きの人なら糖分はむしろ歓迎かもしれませんね），低温糖化したじゃがいもを高温で調理するとやっかいなことが起きます．糖がアクリルアミドという化学物質に変わってしまうのです．アクリルアミドは神経の正常なはたらきをじゃまする物質で，もしかするとがんも引き起こすのではないかと考えられています．

パリパリのポテトチップスやフライドポテトをつくろうとしたら，どうしてもじゃがいもを高い温度で加熱することになってしまいます．CRISPR-Cas9 を使うと，低温糖化でじゃがいものでんぷんを糖に変える遺伝子をノックアウトできます．たとえば，レンジャーラセットという品種のじゃがいも〔アメリカでつくられている品種の１つです〕でこの遺伝子をノックアウトすると，〔加熱したときにできる〕アクリルアミドの量

選抜育種と交配育種

植物がどうやって子どもを増やすのか，気にしている人はあまりいませんよね（そもそも，植物が子どもをつくるということ自体，ふだんはあまり考えないかもしれませんね）．でも，植物だって，人間のように次の世代へ遺伝物質（DNA）を受けわたす必要があります．そして，植物とは違っていろいろなことを考えている人間が，この遺伝物質の受けわたしに影響を与えるおせっかいな方法を見つけていました．

選抜育種（12 ページを参考）では，人間にとって都合のよい形質をもっているかどうかを基準にして，どの植物に子どもを残させるかを選びます（ほとんどの植物は体のなかにオスとメスの特徴を両方もっていて，１本の株だけで子どもを残せるものもたくさんあります）．たとえば，じゃがいものなかからほかより大きいもの，甘いもの，虫がつきにくいものなどを選び，その塊茎を種芋〔クローンを増やすためのいも〕として植えなおせば，同じじゃがいもを何千株も増やすことができます．選抜育種は，ダーウィンの説明した自然選択（47 ページ「ダーウィンと自然選択説」を参考）とよく似ています．違うのは，どの生きものが子どもを残すかを決めるのが自然ではなく人間だというところです．人間が残したいと思う形質は，植物や動物が自然界で生き残るのに役立つ形質だとは限りません．

一方，交配育種は，遺伝情報の中身が違う親どうしを交配させて，新しい性質の子どもを生みだす方法です．メンデルが背の高いエンドウマメと背の低いエンドウマメのあいだに子どもをつくらせたのと同じですね．塊茎が大きいじゃがいもの花粉を，病気に強いじゃがいものめしべにつけて，両方の親から好ましい形質を受けつぐスーパーポテトをつくろうとするのも交配育種の例です．

が70%減ったと研究者たちが報告しています．さらに，この遺伝子編集じゃがいもは，ポテトチップスにしたときに焦げにくかったそうです．農家の人にもグルメな人にもうれしい特徴(とくちょう)がもう1つあったのですね．

■ じゃがいもをもっと安全に？

低温で保存しなくても，じゃがいもには毒になる成分が元から含まれています．ソラニンです．この天然毒(じゃがいもを虫から守るのに役立っています)は，塊茎(かいけい)を光に当てたり暖かいところに置いたりすると増えていきます．ソラニンが増えた部分の皮は，他の部分(ちが)と違って緑っぽい色になります．もし，アニメや漫画のキャラクター(いじわるグリンチや超人(ちょうじん)ハルクなど)にそっくりの緑色をしたじゃがいもを見つけたら，食べるのはやめましょう．ソラニンの増えたじゃがいもを食べると，嘔吐(おうと)や下痢(げり)を何度もくり返すはめになるかもしれません．

もちろん，緑色になったじゃがいもの大部分は，スーパーマーケットや八百屋さんに届く前に処分されています．それに，ほとんどの大人は，じゃがいもは温度が低くて暗い場所(冷暗所)に保存するものだと知っていますし，家にもち帰ったじゃがいもが緑色になりはじめたら捨てることも知っています．でも，じゃがいもが毒になるかもしれない，と心配しなくて済むなら，農家の人たちにも，食品メーカーの人たちにも，品物を買う消費者たちにもよい話ではないでしょうか？　さあ，そこでCRISPRの登場です．CRISPR(クリスパー)には，ソラニンをつくるタンパク質の遺伝子（CYP88B1といいます）をノックアウトするしくみも組みこむことができます．そうすれば，緑のじゃがいもなんてもう過去の話になるでしょう．じゃがいも

を食べる（または売る）人たちにとってとても便利な技術になるはずです．

今よりも栄養豊富な（そして，もしかしたら今よりもおいしい）じゃがいもをつくるのにもCRISPR(クリスパー)が使えそうです．たとえば，じゃがいもはでんぷんの多い食べ物なので，食事療法(りょうほう)で炭水化物を制限している人や，低糖質ダイエットをしている人に避(さ)けられてしまうことがよくあります．それなら，CRISPR-Cas9(クリスパー キャスナイン)のしくみを使ってじゃがいものでんぷんの量を減らし，ビタミンC，ビタミンB_6，マグネシウムなどの量を増やすことはできるでしょうか？きっと，そんな研究をしている研究者がどこかにいるでしょう．じゃがいものいくつかの遺伝子の発現を高めながら，別の遺伝子の発現を抑(おさ)えて，世界中の消費者の味覚に合うように風味を改良する方法も見つかるかもしれません．

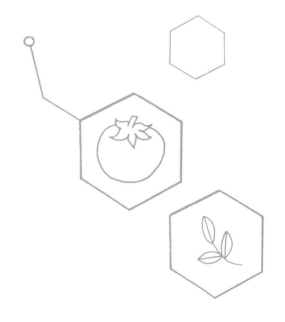

CRISPR はだれのもの？

エマニュエル・シャルパンティエ

ジェニファー・ダウドナ

張　鋒

ジョージ・チャーチ

　CRISPR のように価値の高い技術の場合，その技術はだれのものなのか——もっと正確にいうと「だれが発明したのか」——という質問に答えをだすのにも高いお金がかかります．答えを決める裁判にこれまで何千万ドルものお金が使われてきましたが，まだ決着はついていません．

　CRISPR をめぐっては，大きくわけて 2 つのグループのあいだで激しい争いがくり広げられてきました．片方のグループにいるのは，エマニュエル・シャルパンティエ（今はドイツのベルリンにあるマックス・プランク感染生物学研究所で仕事をしています）とジェニファー・ダウドナ（アメリカのカリフォルニア大学バークレー校で働いています）です．この人たちが率いるグループが学術誌『サイエンス』の 2012 年 6 月 28 日号に発表した科学論文は，CRISPR を遺伝子編集の道具に改造できたことを初めて報告し，その改造方法を説明したものでした．2015 年，ダウドナとシャルパンティエは生命科学ブレイクスルー賞を受賞して 300 万ドルの賞金を贈られ，雑誌『タイム』の「世界で最も影響力のある 100 人」に選ばれました．CRISPR 技術の先駆けとなったこの 2 人は，次の年には『タイム』の「今年の人」第 2 位になりました．

　それに対抗するもう片方のグループにいるのは，ブロード研究所〔マサチューセッツ工科大学（MIT）とハーバード大学の研究者がいっしょに研究をしています〕の張鋒です．2013 年 1 月，張の研究チームはハツカネズミ（マウス）と人間の細胞で遺伝子編集が使えることを示した研究論文を『サイエンス』に発表しました．ちなみに，そのようすを少し離れたところからながめていたのが，かつて張の上司だったジョージ・チャーチです．張たちとは別に，ハーバード大学にあるチャーチの研究室でも CRISPR を元にした人間の細胞の遺伝子編集技術を開発していました．チャーチたちが独自に書いた論文は，張たちの論文が載ったのと同じ号の『サイエンス』で発表されました．

　だれもが CRISPR に秘められた可能性に大興奮していたので，みんなそれぞれに CRISPR の力を利用するための会社をつくりました．また，どちらのグループも，研究成果を論文で発表する前に特許の申請をしていました．さあ，そのおかげで話はおもしろく（そして，ややこしく）なってきます．張は追加料金を払って申請書を特急コースで審査してもらったので，アメリカでは当初，CRISPR 技術を使う権利の数々（価値があり，お金にもなります）が張に与えられました．これに大ショックを受けたのがダウドナとシャルパンティエです．〔ダウドナが働いている〕カリフォルニア大学バークレー校が 2 人の代わりに反撃し，張たちの CRISPR 技術は，ダウドナとシャルパンティエが最初に発見した内容の使い道を広げただけのものだと主張しました．

　おそらく，今後，両方のグループにそれぞれ何かしらの権利が与えられるでしょう．ただ，物事には細かいところに落とし穴が隠れているものです．今回の場合，CRISPR-Cas9 関係の複雑な技術のうち，2 つのグループが申請した権利のなかにはそれぞれどの技術が当てはまるのか，そして，申請書のなかに「細胞の（cellular）」という言葉が入っているかどうかが勝負の分かれ道になりそうです〔この言葉がないと，DNA を編集する技術の特許権は手に入っても，それを細胞のなかに送りこんで使う技術の特許権はもらえません．張の申請書にはこの言葉が入っていました〕．

　この争いの話は複雑で，私たちの大部分にとっては何のことやら理解できません．でも，CRISPR を研究している科学者たちにとってはどうでしょうか？　銀行口座に入っているお金の残高が増えていないか，自分でも思わず確認したくなるかもしれませんね．だれが勝つにしても，こんな争いが起こるのは CRISPR 関係の発明がお金もうけにつながる証しなのですから．

みなさんは，アクリルアミドなし，ソラニンなし，でんぷん少なめ，しかもサワークリームオニオン味が元からついているじゃがいもが食べたくて口からジュルリとよだれが出ているでしょうか？　それとも，のりしお&ごま油風味のじゃがいもをポテトチップスにするほうが好みですか？　そんなものあるはずない？　いえいえ，わかりませんよ．実現するかもしれません．ほかにも果物や野菜に遺伝子編集が使えそうな用途はたくさんあります．ほら，たとえばこんなものを食べられるかもしれません．

・アレルギーの元になる物質をカットしたピーナツ
・セリアック病〔グルテンというタンパク質を免疫系が間違えて攻撃してしまう病気〕の人でも食べられる，改変型のグルテンの入った小麦
・切り口が変色しないマッシュルーム
・水がなくてもどんどん育つとうもろこし
・宇宙空間で宇宙飛行士のごはんになるミニトマト
・もっと甘くてもっと長もちするいちご
・健康にいい脂肪酸を増やし，トランス脂肪酸は減らした大豆油

・βカロテンを増やしたバナナやさつまいも（βカロテンは体のなかでビタミンAをつくる元になります．ビタミンAは免疫系に必要ですが，食事の種類によってはなかなか摂取することができません．ガーナなど，アフリカの一部の国ぐにではとくに摂取量が不足しています）

フレイバー・セイバー・トマト

こんなトマトの名前，みなさんは聞いたことがないかもしれませんね〔「味を保つもの」という意味の「Flavor Saver」が元になっています〕．でも，1990年代には世界のあちこちでフレイバー・セイバー・トマトのことが大ニュースになっていました．このトマトは，アメリカで初めて販売が認められた遺伝子組換え生物です．トマトのゲノムに別の遺伝子を差しこんで，腐敗の進行にかかわるタンパク質が自然につくられるのを止めていて，その果実は最長で3週間もやわらかくならずに硬さを保つことができました．農家や食品メーカーの人にとっては大助かりです．真っ赤に熟した時に収穫しても実が傷まず，八百屋さんやスーパーマーケットまで長い道のりを運んでも味が悪くならないからです．

ただ，消費者の反応は微妙でした．フレイバー・セイバー・トマトは法律も規制のガイドラインも全部守っていましたが，それでも，「別の遺伝子を入れたトマトの実を食べるのはどうなのか」と疑わしく思う人はいました，また，つくったり流通させたりするのに高いコストがかかるので（研究ってお金がかかるんです！），しかたなく，値段は普通のトマトの2倍になってしまいました．しかもこのトマト，大げさな宣伝のわりに，味はそれほどおいしいわけではありませんでした（フレイバー・セイバー・トマトをつくった会社が，人気のあるトマトの品種を遺伝子組換えの材料として使う許可をもらえなかったのが理由の1つです）．

発売からわずか数年で，フレイバー・セイバー・トマトは店先から消えてしまいました．今ならCRISPRを使って新バージョンの——もっと安くて，もしかしたらもっとおいしい——フレイバー・セイバー・トマトをつくることができるかもしれませんが，もっと大きな夢を思い描いている生産者も多いようです．たとえば，開花や熟成が早いトマトの株などです．

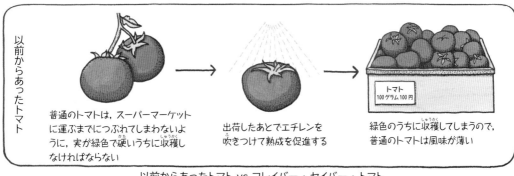

以前からあったトマト

普通のトマトは，スーパーマーケットに運ぶまでにつぶれてしまわないように，実が緑色で硬いうちに収穫しなければならない

出荷したあとでエチレンを吹きつけて熟成を促進する

トマト 100グラム100円

緑色のうちに収穫してしまうので，普通のトマトは風味が薄い

以前からあったトマト vs フレイバー・セイバー・トマト

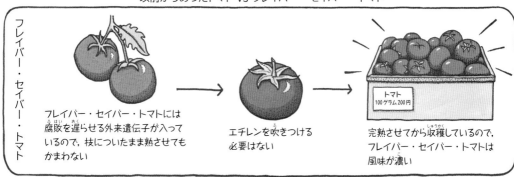

フレイバー・セイバー・トマト

フレイバー・セイバー・トマトには腐敗を遅らせる外来遺伝子が入っているので，枝についたまま熟させてもかまわない

エチレンを吹きつける必要はない

トマト 100グラム200円

完熟させてから収穫しているので，フレイバー・セイバー・トマトは風味が濃い

CRISPR でつくられた食品を食べることを考えるなら,
遺伝子組換え生物についての議論からはまず逃れられません.

この問題には,章の最後の「鋭い質問」のページで取り組みます.今のところは,次のことを頭に置いておきましょう——遺伝子編集技術というものは,1990 年代に遺伝子組換え生物（GMO）が初めて人間の食べ物として認可を受けたころの技術よりもはるかに精度が高い技術です.

CRISPR-Cas9 を使った遺伝子編集は,取扱説明書の適当なページに外からもってきた文字を詰めこむのではありません.ゲノムのなかの**特定の場所**に標的を定めて,細胞に元からある遺伝暗号を**細胞自身に変えさせられる**のです.植物のゲノムに別の生きものの DNA が入るわけではありません.もちろん,もしほかの植物や動物の遺伝暗号をコピーしたものを Cas9 に鋳型として運ばせれば,遺伝子組換え生物のようなものをつくることができます.でも,その場合でも別の生きものの DNA を直接ゲノムに入れるわけではないのです.

というわけで,CRISPR では,ほしい形質を生みだすために種の違う生きものの遺伝子を導入する（取扱説明書に新しい章をつけ足す）代わりに,元からゲノムに書かれている内容をほんの少しだけ書きかえることができます.たとえば,トマトのなかで不活性化されている遺伝子の発現を CRISPR で調節して活性化させることもでき

ます.この技術を使えば,生まれつき実がピリリと辛くなるトマト（もぎたての実で簡単にサルサソースがつくれます）を育てることもできます.とうがらしのゲノムからとってきた DNA を入れなくてもそんなことができてしまうのです.

EU（ヨーロッパ連合）では,GMO には「遺伝子組換え」という説明書き（表示）をつけなければいけないと法律で決まっています.遺伝子編集植物についても最初は同じルールで規制しようと決まりましたが,近ごろは新しい品種改良方法に対する法律がゆるめられてきました.北米〔カナダ,アメリカなど〕では,ほかの生きものの DNA が入っていない遺伝子編集作物に対しては,GMO と同じ厳しい規制と検査をおこなう必要はありません.また,日本で遺伝子編集食材を消費者に売るときには,追加の安全評価検査はまったく必要ありません.

この話,ごちゃごちゃしてわかりにくいと思いますか？ そう,GMO 関係のいろいろな話と同じで,遺伝子編集関係の話もややこしいのです.そのため,消費者となる人たち〔私たちもです！〕が自分の食べるものについてきちんと情報を受けとって判断できるように,公教育〔学校や社会での教育〕が必要なのです.

〔この絵ではゲノムを 麦の穂でたとえています〕	CRISPR で 遺伝子編集を受けた生物	遺伝子組換え生物（GMO）
DNA は どこから来るか	その植物に元からある DNA が 改変されたり取り除かれたりする.	別の生物種からとってきた遺伝子か， 人工的に合成した遺伝子が使われる.
DNA の場所	DNA の変化はゲノムのなかの 特定の場所でおこなわれる.	DNA の変化はゲノムのなかの無作為な 〔偶然決まった〕場所に差しこまれる.
区別がつくか	遺伝子を操作した植物の DNA は，昔から つくられてきた植物と同じで区別できない.	遺伝子を操作した植物の DNA は， 昔からつくられてきた植物と区別がつく.
規　制	アメリカでは，自然の作用〔遺伝子の修復など〕 を再現した処置には現時点で規制がない.	アメリカでは，GMO は環境保護庁（EPA）， 食品医薬品局（FDA），農務省（USDA） によって厳しく規制されている.

食品にどんな表示や分類がされていても問題は変わらない，食品を実験室でつくるべきではないし，遺伝子を操作されたものを食べるのは心配だ——そう考える人はたくさんいます．

こうした人たちは，遺伝子操作食品をつくる企業の思惑を心配しています．お金を稼ぐことが，世の中によい変化をもたらすことよりも大事にされていないだろうかと考えているのです．

確かにもっともな疑問です．バイオテクノロジー〔生物や生命にかかわる技術〕そのものと同じように，遺伝子編集による農業の方法を発見し，研究し，発展させることにも何百万ドルものお金が使われ

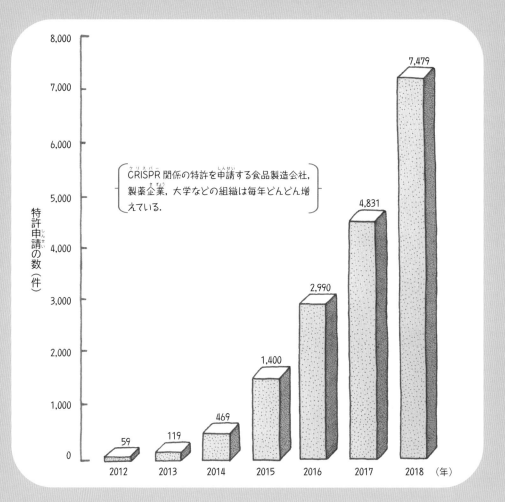

特許申請の数（件）

CRISPR 関係の特許を申請する食品製造会社，製薬企業，大学などの組織は毎年どんどん増えている．

8,000

7,000

6,000

5,000

4,000

3,000

2,000

1,000

0

| 59 | 119 | 469 | 1,400 | 2,990 | 4,831 | 7,479 |

2012　2013　2014　2015　2016　2017　2018　（年）

てきました．そして，巨額のお金が動くところには巨大な取引がついて回ります

営利〔お金を稼ぐこと〕を目的とするたくさんの企業は，大学など，技術を開発する組織や個人とのあいだで取り決めや契約をして，自分たちの会社の製品をつくるときに CRISPR-Cas9 を使わせてもらう権利を得ています．こうした技術の権利のもち主はだれなのか，法律をめぐるとても大がかりな戦いがくり広げられてきました（67 ページ「CRISPR はだれのもの？」を参考）．そして，CRISPR 関係の特許が申請される数は，2008 年に 11 件だったのが 2018 年には 7,479 件まで増えました．たった 10 年で 680 倍です．いろいろな CRISPR 関連技術を，いろいろな人たちが「これは自分のものだ」と主張しているんですね！

大きな多国籍企業には，遺伝子編集食品が社会で受け入れられるかどうかによって，得られるものが（失うものも）たくさんあります．私たちが正しい情報をきちんと受け取れるかどうかは，私たち自身にかかっています．別のいいかたをすれば——「買い手たちよ，用心せよ！」．

食べ物に対して CRISPR でこんなにすごいことができる，という話を見聞きしたとき，みなさんは自分に向かって大事な質問をいくつかしてみるといいでしょう．これは本当に「改良」なのだろうか？　利益を得ることになるのはだれだろう？　農家の人たち？　消費者たち？　農業関連企業？　この農法はサステイナブル〔地球環境を壊さずに続けられる〕だろうか？　工業的な農法だろうか？

たとえば「害虫なし」という説明が野菜や果物につ

いていたら，スーパーマーケットでいい宣伝文句になるかもしれませんね（とくに，フタに入れるような食材なら）．でも，それって本当はどういうことなのでしょうか．作物が遺伝子操作で特定の化学物質への耐性をもっていて，雑草が枯れるほど除草剤を使ってもその作物は枯れなくて済む，ということ？　それとも，特定の病気に耐性をもつように遺伝子編集された果物？　もしかして，その遺伝子操作植物を開発した会社が種と除草剤をセットで売って，何百万ドルも儲けられるしくみになっているのでしょうか．いえ，ひょっとしたら，パパイヤ産業全体をパパイヤリングスポットウイルス〔このウイルスに感染したパパイヤには輪っか（リング）のようなしみ（スポット）ができます〕から守れる可能性のある技術（これも何百万ドルもの価値があります）でしょうか．

「遺伝子編集食品で利益を得るのはだれなのか」という問いよりもさらに大事なのは「その食品が約束や期待を裏切らないものになってくれるか」です．除草剤に耐性のある作物は，毒性のあるほかの化学物質の使用量を本当に減らしてくれるでしょうか？　除草剤への耐性をつけてしまう雑草にはどう対処したらいいでしょうか？　ある病気に耐性のある作物が別の病気にさらされたらどうなるのでしょう？

また，どの場合でも，私たちは遺伝子編集作物が生態系全体に与える影響をよく考えて，長い目で見たときの環境への影響も予測してみなければいけません．簡単なことではありませんね！　でも，シャキシャキの CRISPR サラダを安全に——そして気もちよく——注文できるようになるまでに，これは必ずやっておかなければならない仕事です．

すすめ
G O

世界各地の 250 を超える科学技術組織が，
遺伝子操作作物の安全性を裏づけています．

遺伝子操作を受けた作物の安全性を認めているのは，米国科学アカデミー，欧州食品安全機関，欧州委員会，カナダ保健省，米国医師会，米国食品医薬品局，国連食糧農業機関，世界科学アカデミー，世界保健機構などです．これらの組織の見解——GMOが初めて市場に送りだされたときから続けられてきたいくつもの科学研究にもとづいています——では，昔からある交配技術によって開発された作物と比べて，遺伝子改変作物が人間に与えるリスクが上回ることはないといいます．

植物の栽培に CRISPR-Cas9 を使うのに青信号をだそうとする賛成意見をもう 1 つ見ていきましょう．それは，「私たちがつくろうとしているものは，これまで選抜育種や交配育種で何世紀もつくられてきたものと何も変わらない（65 ページ「選抜育種と交配育種」を参考）．同じことを短い時間でやっているだけだ．気候変動や世界の急激な人口増加のような変化に適応できるように作物の遺伝情報を編集するには，時間が重要な要素になりうる」という意見です．

今の時点で地球には 75 億人以上の人がいて，全員合わせると毎日 1 分間につき 500万キログラムもの食べ物を消費しています．2050 年までに世界の人口は 100 億人近くに達すると予想されていて，栽培する食料の量は今よりも 70％増やさなければなりません．しかも，これからの時代には，その食料の生産性に深刻な影響を与えるような激しい気象現象〔豪雨など〕も増えていきそうです．

農業の進歩は，これまでずっと，私たち人間の種としての進歩と結びついてきました．1950 年代から 60 年代にかけての「緑の革命」（「第三次農業革命」というよび名でも知られています）のときは，収穫量の多い新品種の種，肥料の使用量増加，灌漑方法の改良によって世界の食料生産にとてつもなく大きな効果がありました．

今の時点では，私たち人間が長期間にわたって生き延びていくために，遺伝子編集で主要な作物を干ばつや冷害に強くしたり，栄養価を高めたりする必要があるかもしれません．CRISPR 技術をだれもが利用できるようにしさえすれば，地球全体で食料をまかなうのに役立つだけでなく，発展途上国に暮らす人びとのためにも——緑の革命のときと同じぐらい（あるいはもっと）——なりそうです．

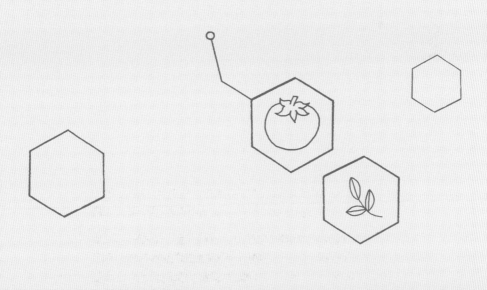

鋭い質問
Cutting Questions

GMOをつくるべきか，つくらぬべきか

　スーパーマーケットで GMO が売られることになったとき，世の中の意見はまっぷたつに割れ，今も激しい議論が続いています．

　GMO 反対派の人たちは，GMOで人間の健康が危険にさらされるかもしれないと心配しています．GMO に表示（印や説明書き）をつけるようにロビー活動〔政府や議員に自分たちの意見を伝える活動〕もしてきました．なかには，GMO 食品を「フランケン・フード」〔小説『フランケンシュタイン』では，科学を学ぶ若者が人間の死体を使って怪物をつくり，悲劇を引き起こします〕とよぶほど怖がっている人もいます．GMO に反対する人たちの多くは，巨大な農業関連企業を支えるよりも，もっと自然な——別のいいかたをすると，もっとオーガニックな〔農薬や化学肥料などを使わない有機栽培の〕——食料生産方法に立ち返るべきだと考えています．

　GMO 賛成派の人たちは，GMO はほかのどんな食べ物よりもたくさんの検査に合格してきたと主張します．GMO は，誤った情報を広めたり，大企業に対する不信感につけこんだりする一部の人びとの犠牲になってしまった——賛成派の人たちはこう考えています．また，一部の GMO 支持者は，オーガニック食品だけを食べて暮らせる余裕があるのは社会のなかでも特権的な立場の人たちだけで〔有機栽培には手間とお金がかかります〕，地球全体では遺伝学技術を使わなければ増加する人口を支えられないとも主張しています．

みなさんはどう考えますか？
あなたは GMO についてどんな意見をもつでしょうか．

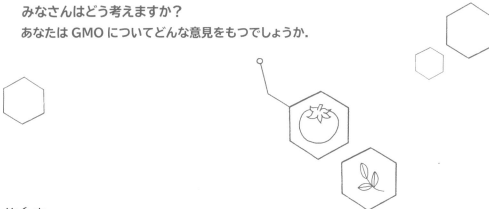

7

健康によい 肉

畑で育つ植物の話をした後は，広い農場の反対側にも目を向けてみましょう．そこにあるのは家畜たちの暮らす小屋です．遺伝子編集を使って動物たちの性質を変え，人間が食べるのにさらに適したものにできるでしょうか．低脂肪ベーコンがとれる豚は？　牛そのものがいなくてもつくれる牛肉は？　その答えは──そう，みなさんの予想通り──「できる」です．でも，食品科学者たちが家畜生産にCRISPR をどのように応用しているのか，そのさまざまな使いかたを知ったらみなさんは驚くかもしれません．

■動物福祉

遺伝子編集を使うと，人間だけでなく，動物たちの暮らしも向上させられる場合があります．たとえば，乳牛のことを考えてみましょう．ほとんどの乳牛には角があります．かっこいいですね．でも，実はちょっと困ったこともあるのです．街を歩いていたら角は目立って大人気かもしれませんが，農場の小屋にいる時には危険の元です．角は農家の人にとっても，他の牛たちにとっても危ないので，多くの乳牛は子牛のときに除角〔角を切り落とす処置〕を受けます．農家の人にとってはお金がかかりますし，牛にとっては痛くてたいへんです．

この角が生えるかどうかの形質は，たった1つの遺伝子によって決まることがわかりました．「*polled*」〔「角がない」〕という名前の遺伝子です．この *polled* 遺伝子には2つの型があります．小文字の *p* 型遺伝子は角を生やし，大文字の *P* 型遺伝子は角を生やしません．大文字の *P* 型は小文字の *p* 型に対して顕性です．つまり，両方の型を1つずつ受けついだら，大文字の *P* 型の性質のほうが勝って表に出てくるということです（26ページ「この形質はどのように遺伝する？」を参考）．肉牛の場合，大文字の *P* 型の *polled* 遺伝子をもっている牛が多い（つまり，肉牛には角があまりない）のですが，乳牛の場合は小文字の *p* 型が多い（つまり，乳牛は角をもっていることが多い）です．

もし牛が1つでも大文字の *P* 型遺伝子を受けついだら角は生えない．

科学者たちは，乳牛の幹細胞（30 ページ「受けわたす」を参考）や胚を使って，遺伝子編集とほかのヌクレアーゼ（78 ページを参考）で小文字の p 型の遺伝子を大文字の P 型の遺伝子と置き換えてみました．その結果は？ 次の世代の牛たちは生まれつき角がなく，その形質を自分たちの子どもにも受けわたしました．もう角が生えないなら，痛くて苦しい除角も，農家の人や家畜のけがもなくなります．

こうして成功を収めた CRISPR は，今度は似たような別の用途にも使えないかと検討されています．たとえば，遺伝子編集で生まれつきしっぽがない豚をつくるのもそうです．角のない牛と同じように，しっぽのない豚は動物福祉の第一歩になるかもしれません．ほかの豚たちにしっぽを噛まれないようにするために，豚のしっぽは生まれてすぐにパチンと切り落とされてしまうのが普通だからです（痛そうですね……!）．

CRISPR にはほかにどんな使いみちがありそうでしょうか？ 農家の人たちはオスよりもメスの動物を選んで育てることが多いので（逆の場合もあります），CRISPR を使って「いらない性別」の動物（生まれてすぐ殺されてしまうか，去勢されてしまう）の数を少なく抑えることもできるかもしれません．たとえば，次のようなことに CRISPR が役立つ可能性があります．

- 鶏の卵を生産する採卵養鶏家はメスのひよこを多く育てることになる（雄鶏は卵を産まないため）
- 牛肉を生産する畜産家はオスの子牛を多く育てることになる（雄牛のほうが多く肉をとれるため）
- 牛乳を生産する畜産家はメスの子牛を多く育てることになる（雄牛はミルクを出さないため）
- 養豚家はメスの子豚を多く育てることになる（オスの子豚が成熟すると肉に変なにおいがつきはじめるため）

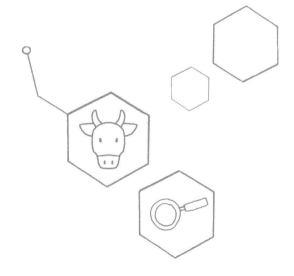

■より良い牛肉

　このように，家畜たちを不必要に苦しめないために遺伝子編集を使えるのは間違いありません．さらに，遺伝子編集は肉や卵の品質をできるだけ高めるのにも役立ちます．

　角の生える牛と生えない牛がいるように，牛などの家畜のなかには品種によってほかよりも筋肉の多いものがいます．筋肉の量の違いに関係がある遺伝子の1つが MSTN 遺伝子です．この遺伝子からつくられるミオスタチン（Myostatin）というタンパク質は，筋肉の細胞の分裂を止めます．この作用は，牛などの家畜や，犬，そしてさらには人間の体のなかで筋肉の発達を妨げます．

　ベルジアン・ブルー（Belgian Blue）とピエモンテーゼ（Piemontese）という2つの有名な品種の牛は，ミオスタチン遺伝子の型が違うおかげでほかの品種より筋肉が20％多くつきます．畜産家の人たちにとっては，筋肉が多ければ肉がたくさんとれます．そこで研究者たちは，ほかの品種でも CRISPR を使って MSTN 遺伝子をノックアウトし，ベルジアン・ブルーのように筋肉ムキムキの牛にできないか研究するようになりました．でも，牛肉を全部ベルジアン・ブルーからとったら楽そうなのに，どうしてわざわざほかの品種の MSTN 遺伝子を編集するのでしょうか？　それは，農場でどんな種類の牛を飼うかを決めるときには，筋肉の量以外にも考えることがあるからです．

　たとえば，アンガス牛〔肉がやわらかくて食べやすく，ステーキ肉によく使われます〕は暑い気候にはあまり強くありません．気温が上がるとアンガス牛は食欲をなくしてしまいます．分厚いビーフステーキが好きな人にとっては，牛がしっかり育ってくれないと困りますよね．

　コブウシ（ゼビュー）という牛はもっと熱帯での暮らしに合っているので，ブラジルの畜産家たちはアンガス牛のかわりにコブウシを育てます．ただ，問題なのはコブウシの肉が固くて噛みにくく，アンガス牛の肉の食べやすさにはまるでおよばないことです．こうした理由から，科学者たちは暑さに負けない遺伝子編集アンガス牛もつくろうとしています．

　暑い気候のなかで育った牛たちは，別の悩みにもさらされます．それは病気です．作物と同じで，家畜も感染症への耐性が高まるように遺伝子編集を受けてきました．これまでに，結核に耐性のある牛，鳥インフルエンザに耐性のある鶏（81 ページ「動物もインフルエンザになる」を参考），アフリカ豚熱に耐性のある豚をつくることに注目した研究がおこなわれてきました．世界では毎年，私たちの食料となるはずの動物性タンパク質の20％が病気によって失われています．CRISPR はワクチンや治療薬の費用も節約して，動物を繁殖させる農家やブリーダーたちを大喜びさせてくれるかもしれません．

動物もインフルエンザになる

　先ほど，動物たちがインフルエンザにかかるという話をしました．動物たちは独自のインフルエンザにかかるだけではなく，私たち人間と同じ種類のインフルエンザにもかかります．たとえば，A型インフルエンザウイルスは，鳥インフルエンザ，豚インフルエンザ，そして，人間の重症のインフルエンザ（喉の痛み，鼻水，発熱，だるさの症状が勢ぞろいです）を引き起こすことがあります．

　野生の鳥の場合，鳥インフルエンザはあまり症状が出ません．ただ，野生の鳥は農場で飼育されている鳥（鶏，鴨，七面鳥など）にウイルスをうつすことがあります．農場ではウイルスがあっという間に広まります．これが大問題なのです．野生の鳥と違って，農場で育った鳥は鳥インフルエンザが重症化することがあります．そして，いったん鳥インフルエンザがはやりはじめてしまったら，流行を止める方法はたった１つ，**鳥たちを殺すこと**しかありません．具合が悪くなっているかどうかに関係なくです．

　鳥インフルエンザが最初に報告されたのはイタリアでの 1878 年の事例にさかのぼりますが，今でも流行は増えつづけています．現代の農業の進めかた〔たくさんの動物を狭いところで飼うことが多い〕も原因の１つですし，ウイルスに新しい系統が現れることも影響しています（ウイルスが変異すると，新しいバージョン（系統）のウイルスが生まれます）．

　アメリカで 2015 年に鳥インフルエンザの大流行が起きたときには，１か月少々のうちに推定で 4,950 万羽の鶏と七面鳥が殺処分され，農家，卵や食肉の卸売業者，給食業者などに推定で 33 億ドルの費用負担がかかりました．たくさんの鳥たちが生命を失い，たくさんの人たちが生活を支える仕事を失いました．今後も大流行が起こるのではないかという不安から，鳥インフルエンザの予防法と治療法の両方を探す研究がいくつも進められるようになりました．そのなかには，CRISPR を使った研究もあります．

牛のほかにも，ミオスタチン遺伝子をノックアウトされた動物がいる．
マウス（実験のため）
羊，豚，ヤギなどの畜産動物（もっと質の高い肉を食卓に届けたいという願いから）
犬（第 8 章を参照）

家畜を改良するには,
もっと簡単 (しかも安全) な方法があります.

角を焼き切ったり, しっぽを切り落としたり——あるいは, こうした形質をもつ動物を遺伝子編集したり——しなくても, 牛や豚たちの暮らす場所をもっと広くできれば問題は解決します. 角やしっぽのような元からの形質が問題になるのは, **動物が狭いところに閉じこめられたときだけ**です.

それに, 動物の遺伝子編集についていえば, あの「滑りやすい坂道」の問題がまた出てきます. もし私たちの食べ物の好みや必要性に合わせて動物の遺伝子を加えたり削ったりしつづけたら, 最終的には編集のしすぎで元の生きものとは似ても似つかない家畜になってしまうでしょうか?

それに, もしこの技術が使えるようになったら, だれが CRISPR を使うのを家畜だけに制限するでしょうか? もし角のない牛がつくれるなら, 逆に角を足すこともできるわけです. たとえばそう, 馬のおでこの真ん中に足すことだってできるでしょう. そして, ほかには馬の体を白くする色素の遺伝子も編集して——つくりだした生きものをユニコーンとして売りだすのです. あるいは, 犬の遺伝子編集をして, 小文字の *p* 型遺伝子を2つ入れ, *MSTN* 遺伝子は2つともノックアウトするなんてこともありえるかもしれません. 角の生えたたくましい犬が, 違法の闘犬場で飼い主に大金をもたらすのではないでしょうか…….

動物を育てる過程を全部すっ飛ばして，肉を直接育てることだってできてしまいます．

より良い牛（あるいは豚や鶏）をつくることに取り組んでいる科学者たちもいますが，それとはまったく違った革命的な製品をつくりだそうとしている科学者たちもいます．それは，細胞を材料にしてつくられた肉です．「培養肉」，「試験管ミート」，「クリーン・ミート」などともよばれるこの肉は，動物の体のなかではなく，細胞培養によって育てられます．

しくみはこうなっています．

❶ 動物の体から，ごま粒ほどの大きさの組織片（このかけらに何百万個も細胞が入っています）をとる．

❷ 成長と分裂に必要なもの（温かい温度，酸素，糖や塩分やたんぱく質の入った栄養たっぷりの成長培地など）をすべて細胞に与え，筋肉へと成長させる．

❸ 細胞（の集まった組織）がちょうどよい大きさまで育ったら，ハンバーグやソーセージ，チキンナゲットなどに加工する．

動物たちにとって，こうした肉のつくりかたが今の方法よりもよいのはもちろんです〔殺されずに済むのですから！〕．しかも，培養肉は人間の健康に対してもよいものになっています．病気の原因になる大腸菌やサルモネラ菌などの細菌に触れさせずに肉を育てることができるからです．培養肉をつくるのは，普通の肉をつくるのに比べて必要な土地が99％少なく，必要な水は95％少なく，必要なエネルギーは最大で50％少ないのではないかとの推定もだされています．環境に対してもよい肉になりそうですね．

CRISPRを使うことで培養肉用の細胞を育てる技術を高めようとする企業に対し，たくさんの人たち（マイクロソフト社をつくって有名になった億万長者，ビル・ゲイツもそうです）がお金を投資してきました．培養肉の開発をおこなう企業は，計画の元になっている科学研究や技術の実態をあまりおおっぴらには議論してこなかったのですが，その一方で，鶏や牛の細胞を無限に増殖させることもできるCRISPR技術をほかの人たちに使わせないために特許を申請してきました．

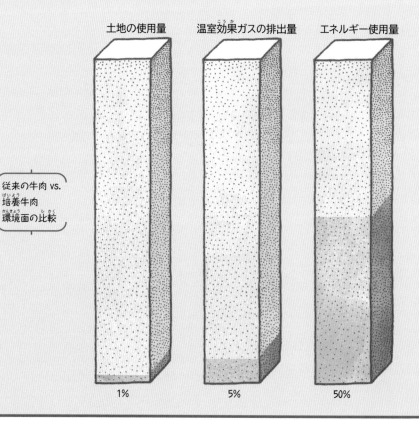

○ 従来の農場育ちの牛肉

● 培養肉の牛肉

土地の使用量　温室効果ガスの排出量　エネルギー使用量

従来の牛肉 vs. 培養牛肉 環境面の比較

1%　　5%　　50%

この世界に培養肉を迎える準備は整っているのでしょうか？

この世界に培養肉を迎える準備は整っているのでしょうか？

初めての培養肉ハンバーガーができるまでには 32 万 5 千ドルの費用と 2 年の時間がかかりました（みなさんが好きなファストフード店にちょっと出かけてくるのとは話が違いますね！）．これは，培養肉用の細胞を育てるために必要な成長培地がとても高価だったからです．しかも，その細胞はまだ生まれていない子牛たちからとったものでした．動物福祉のために培養肉を選ぶ人にとっては，明らかにありがたくない話です．

でも，こうした問題に CRISPR が解決策をだすこともありえます．細胞培養肉をつくる費用はすでに 4 桁も減っていて，そこには培地用の栄養をつくるために遺伝子編集された微生物も貢献しています（これまで何十年も，人間の薬や栄養サプリメントをつるために微生物が使われてきたのと同じです）．それに，培地が良くなれば，そこで培養される肉も良くなるので，遺伝子編集によって培養肉の味もぐんとおいしくなるはずです．

ただ，まだ一番大事な疑問が残っています——人びとはこの肉を食べるのでしょうか？

植物の GMO の話と同じように，人びとは遺伝子操作動物をもりもり食べるのもかなり心配だと感じています．食用の遺伝子組換え動物——マスノスケ（チヌークサーモン）とい

う魚の成長ホルモンの遺伝子をゲノムに入れたタイヘイヨウサケ（アトランティックサーモン）——が初めて認可されたとき，この魚を食べたがらなかった人はたくさんいましたし，この魚は店に置かないというスーパーマーケットもたくさんありました．

人びとが GMO 動物の肉よりも遺伝子編集動物の肉を，そして遺伝子編集動物の肉よりも培養肉を好むようになるのかは，まだわかりません．ただ，間違いないことが 1 つあります．何十億ドルものお金が動く牛肉産業では，培養肉よりも遺伝子編集肉のほうがずっと好まれるだろうということです．こうした製品が 1 つでも市場にだされるかどうかを最終的に判断する担当者たちに対して，牛肉産業の関係者たちはどれほど圧力をかけていくのでしょうか？

ある時点で，規制をおこなう機関の人びと，農家の人びと，消費者たちには選択肢がなくなるかもしれません．これまでの農業のやりかただけでは，数が増え続けていく私たち人間に，手の届く価格でじゅうぶんな動物性タンパク質を供給していくことができなくなってしまう日がくるかもしれません．飼育する動物たちが遺伝子編集を受けていても，いなくてもです．

お金をかける価値はある？

　CRISPR はこれまでの遺伝子工学に比べるとお金がかからず，簡単かもしれませんが，遺伝子編集で家畜をつくるための費用はまだまだ高額です．それだけのお金を投じる価値があると考える人たちは，CRISPR を使えば肉をもっと安くできる可能性がある，発展途上国の人びとも肉をつくりやすくなると思っています．

　いっぽう，そのお金を別のことに使ったほうがいいと考える人たちもいます．私たちがすでにつくっている肉を世界全体できちんと公平に分けられるようにするためにお金を使うのです．また，貧困の根本にある原因に取り組み，発展途上国の農家を支援し，もっと植物性の食材を中心にした食生活を進めれば，同じお金でさらによいことができるかもしれません．

みなさんはどう考えますか？
このお金はどのように使われるべきでしょうか．

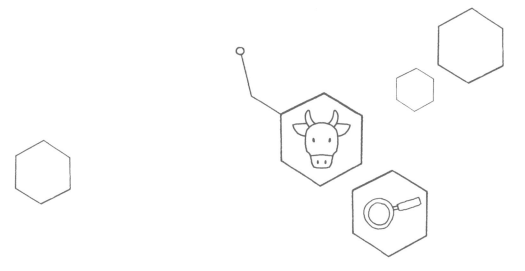

死への勝利

8

さて，遺伝子編集で馬をユニコーンに変えるというのはちょっと現実的ではない話（のはず……）ですが，CRISPR の応用法のなかに，私たちの大好きな動物たちにも影響するものがあるというのは，まぎれもない現実です．今よりすごいワンちゃんをつくる方法にも，危険にさらされている動物種が絶滅しないようにする方法にも，ひょっとしたらすでに絶滅してしまった種を復活させる方法にも，もうCRISPR の話題が入ってきているのです．

■大事なペットのための計画

　1つ前の章でミオスタチン遺伝子の話をしたことを覚えているでしょうか．細胞の分裂を止めて，一部の牛の品種で体が大きくなるのを抑えて，あまりたくさんの牛肉をつくれないようにしている遺伝子でしたね．さて，CRISPRを使って犬のミオスタチン遺伝子をノックアウトできることを示す生きた証拠として登場したのが，ハーキュリーズ〔ギリシャ神話に出てくる力もちのヒーロー「ヘラクレス」の英語読み〕とティアングー〔中国神話に出てくる，天の上で月と太陽を追いかける犬「天狗」の中国語読み〕と名づけられた2頭の犬たちです．この2頭のビーグル犬は，普通のビーグル犬の2倍の筋肉をもっていて，強くて動きも速いです．ビーグル犬は警察犬や軍用犬，猟犬などとして活躍する犬種ですが，ハーキュリーズとティアングー〔そしてそれぞれの子どもたち〕は，普通のビーグル犬よりもさらにこうした仕事に向いているでしょう．

　ハーキュリーズとティアングーの例を別にすれば，CRISPRが犬に対して使われるのは人間の病気（デュシェンヌ型筋ジストロフィー（第3章33ページに出てきた単一遺伝子疾患）など）の動物モデルをつくる場合がほとんどでした．でも，すぐに予想がつくと思いますが，ペットたちが長生きするのを助けるためにも同じ研究を使うことができそうです．たとえば，キャバリア・キング・チャールズ・スパニエルという犬種では，10歳になるまでに半数の個体が心臓弁膜症とい

う病気で死んでしまいます．この病気は，心臓のなかにある弁〔血液が逆流しないようにする扉のようなしくみ〕がせまくなったり，うまく閉じなくなったりして起こります．遺伝子をノックアウトすることでこの病気を予防できないでしょうか？　マウスでは心臓の弁の調子を悪くすることが知られているタンパク質があります．犬がもっている同じタンパク質の遺伝子を壊すのはどうでしょう？

　みなさんのペットを永遠に生きさせることは，CRISPRでどの遺伝子（1つでも，複数であっても）を編集してもできません．ただし，編集することでペットを長生きさせられる遺伝子はあります．「仲間や家族のように大事にしている動物たちのクローンをつくれるなら，ありったけのお金を払いたい」と思う人がたくさんいることを考えると，遺伝子編集でペットを長生きさせる商売にもきっと需要があるはずです．

ハーキュリーズとティアングーには，普通のビーグル犬の2倍の量の筋肉がある．

需要といえば，みなさんはマイクロブタというとても小さな豚を1頭1,500ドルほどで買えることを知っていましたか？ 成長因子の遺伝子を編集して生まれたこの豚は，おとなになっても中型犬ほどの大きさしかありません．もともとは農家の人たちを楽にするためにつくられたマイクロブタが大人気になったので（大型の豚は扱うのがたいへんですからね），この豚をつくっている会社ではいろんな色や柄のマイクロブタを売る準備を始めています．水玉模様でポーチに入るサイズのマイクロブタがデザイナーによってつくられて，それが次の大流行ファッションアイテムとしてランウェイを飾るなんてこともあるでしょうか？

私たちが想像できるような物事は，おそらく実現するでしょう．英語では「人間の最良の友（man's best friend）」ともよばれる犬たちを遺伝子編集することもそうですし，コモドドラゴン（コモドオオトカゲ）を翼の生えたドラゴン（竜）に変えることだってできそうです．CRISPRは，私たちのふわふわであったかいペットたち（そうでもないペットたちも）の姿や生きかたを変えるのではないでしょうか．（でも，ど

んなに遺伝子編集をしても，動物が火を噴くのは物理学的性質の壁があって難しいでしょうね．ドラゴン好きのみなさんには残念ですが……）

■絶滅から復活へ

もし遺伝子編集で翼の生えた竜をつくりだせるとしたら，恐竜だってつくれるのではないでしょうか？ 大ヒット映画『ジュラシック・パーク』の元になった考えも，実はCRISPRを使えば決して遠い空想というわけではなくなります．もちろん，恐竜のDNAの二重らせんは化石のなかで壊れてしまっているかもしれませんが，何万年も氷づけになっていたケナガマンモスのDNAなら，比較的よい状態のまま使うことができます．

ケナガマンモスのクローンをつくろうとする試みはこれまでうまくいっていませんでした．見つかった冷凍DNAにも壊れているところがあって，ゲノム全体を再生させられるような無傷の状態ではなかったからです．しかし，科学者たちはケナガマンモスと今の象たちの違いを生みだした遺伝子の数々を突きとめることに成功しました．そのほとんどは，低い気温のなかで生き延びるのを助ける遺伝子や，ケナガマンモスの特徴であるごわごわの毛を生やす遺伝子や，相撲の力士にも負けない立派な体脂肪をつける遺伝子や，体温調節がうまくいかずに体温が下がってしまっても，体の大事な部位の血流が止まらないようにする特別なヘモグロビンの遺伝子です．

科学者たちはこうした情報を使って，今のクローン技術を改造してケナガマンモスをだんだんと復活させていくための手順を考えました．そのしくみは次のとおりです．

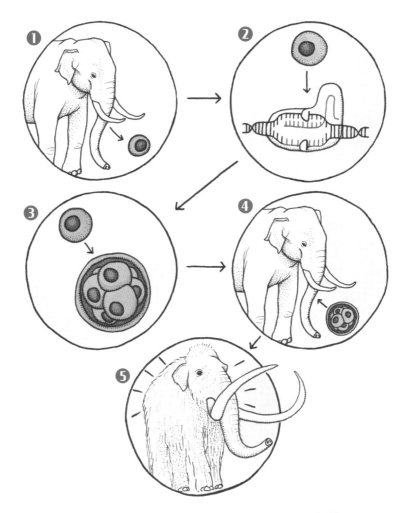

❶ アジアゾウ（いま生きているなかで一番ケナガマンモスに近い動物）から細胞を採取する．

❷ CRISPR-Cas9 の力を解き放ち，アジアゾウとケナガマンモスのあいだで差のある 1,644 個の遺伝子すべてを編集する（合計で 150 万塩基対未満）．

❸ 遺伝子編集した細胞を〔アジアゾウの〕胚のなかに入れる．

❹ その胚をアジアゾウの子宮か人工子宮のなかに移植する．

❺ こうして，ケナガマンモスが完成！

マンモスが暮らしたステップ地帯

　最新技術の話からはいったん離れて，昔，昔，大昔の，これまでで最後の氷河期が始まった時代まで戻ってみましょう（およそ10万年ほど前です）．剣のような歯をもったサーベルタイガー，洞窟に暮らしていたホラアナライオン，狼，熊，野生の牛，トナカイ，野生の馬，分厚い毛皮をもったサイ（ケブカサイ）などとともに，ケナガマンモスが「マンモスステップ」という環境に暮らしていました．マンモスステップがあったのは，今のスペインからユーラシア大陸，ベーリング海峡，カナダまで広がる地域です．

　研究によれば，マンモスステップの気候は乾燥していて寒く，地面は草や柳の低木におおわれていたのではないかと考えられています．ケナガマンモスは草を食べながら低木を踏みつけ，栄養いっぱいのふんを落として土に肥料を与えていました（そう，動物にとっては不要なふんも，土にとっては栄養になることがあるんです．枯れ葉からできる腐葉土みたいですね）．

　住みかにあった氷河が今から1万年前に解けてしまうと，ほとんどのケナガマンモスは死に絶えてしまいました．でも，少数の個体はシベリアで約3,700年前まで生き延びることができました．科学者たちがマンモスのDNAを採集したのもシベリアです．死体は永久凍土のなかに閉じこめられて，腐ることも，お腹を空かせた捕食者や腐肉食動物〔動物の死体を食べる鳥や虫など〕に食べられることもなく守られていました．

　マンモスステップの後に残された土地は，今ではごつごつして苔の生えたツンドラ地帯になっています．そこには最後の氷河期からずっと凍ったままの永久凍土もあります．永久凍土のなかには死んだ植物から放出される炭素が何トンも閉じこめられていて，もし凍土が解ければ温室効果ガスとして放出されるでしょう．

　ただ，ケナガマンモスを復活させれば，この炭素の多く含まれた土を以前の状態に戻すことができ，永久凍土が解けたときの温室効果ガスの放出を防げるかもしれないと示す証拠が出ています．これは，ケナガマンモスを絶滅から蘇らせてもよいといえる正当な根拠になるかもしれません．

　では，サーベルタイガーはどうでしょうか？　……たぶん，この猛獣は蘇らせないままにおくのが一番よいでしょうね．

● マンモスステップ

こうして CRISPR での遺伝子編集を受けたクローンが実際に妊娠にまで至るかどうか，はっきりとした証拠は——まだ——ありませんが，改造クローン誕生を実現させるために科学者たちががんばっています．さて，ここで気になるのは，こうして生まれる動物が実際にどれほどケナガマンモスに似ているかです．遺伝子の面で大きな疑問があるのはもちろんですし，改造クローンを産んだお母さん象が象らしいやりかたで子育てをするうちに，赤ちゃんがマンモスよりも象に近い姿に育っていく可能性もじゅうぶんありえます．

　とはいえ，この技術は寒さに強い象（英語では「マンモス」と「エレファント（象）」を合わせて「マンモファント」とよぶこともあります）をつくるのには役立つかもしれませんし，象とマンモスの遺伝子を混ぜ合わせたこの動物からわかることが，ほかの絶滅した生物を復活させるのにも役立つかもしれません．

ケブカサイ

リョコウバト

ドードー

アブクロコモリガエル
（カモノハシガエル）

モア

ピレネーアイベックス
（ブカルド）

カロライナインコ

フクロオオカミ

侵入種（外来種）

「侵入種」というのは，新しい生息地にもちこまれたことによって問題を起こす生きもののことです．侵入種というよび名のとおりに怖い影響があり，生態系をめちゃくちゃにしてしまうこともあれば，人間の健康を危険にさらすこともあります．

アメリカ合衆国南部では，農業用のため池や下水処理場の沈殿池で藻が増えすぎないようにするため，1960年代から70年代にかけてアジア原産のコイ科の魚たち〔コクレン，ハクレン，ソウギョ，アオウオなど〕がもちこまれました（藻を喜んで食べる魚たちです）．ところが，洪水によってこの魚たちがミシシッピ川水系に逃げだし，アメリカ各地や五大湖〔アメリカとカナダのあいだにある大きな5つの湖〕へと広がってしまいました．

この魚たちの何が大問題なのでしょうか？　それは，体が大きくて（とくにコクレン），しかも，魚らしくたくさん子どもをつくって増えることです（1匹のメスは1年間で最大100万個も卵を産みます）．そのうえ，この魚たちはとても食いしん坊です．貪欲に食べ物を探してがつがつと食べる性質のおかげで，川岸の土手が崩れたり，水が前よりも濁ったり，ほかの魚の産卵場所が荒らされたり，水温が急に変わったり，魚の住みかがなくなってしまったりすることがあります．ほかの魚や水鳥（カモなど）から食べ物を横取りするだけではなく，水域から大事な栄養素をうばい，淡水に生息する二枚貝など，水質変化の影響を受けやすい生物を死なせてしまいます．

さて，二枚貝といえば，カワホトトギスガイ（ゼブラガイ）という貝も一丁前の侵入種です．元は黒海〔ヨーロッパとアジアのあいだにある，陸地に囲まれた海〕に生息しているこの貝も，コクレンやソウギョのように北米の水域にもちこまれました．カワホトトギスガイは港，船，防波堤，浜辺などに広がる大きなコロニーをいくつもつくり，発電所や水処理場で使う水の採水場を詰まらせてしまうこともあります．アジアからアメリカへ運ばれてきた魚たちのように，この貝も水に溶けている栄養をうばい，生態系全体に影響を与えます．

この2つの事例のどちらに対しても，科学者たちがCRISPRを使った遺伝子ドライブによる解決策を探しています．CRISPRで遺伝子を切り刻む方法が使えそうな生物の候補には，ほかにも，ニュージーランドに入りこんでしまったげっ歯類やイタチやポッサム，ガラパゴス諸島の大型のネズミなどがあります．もしあなたの近くに害虫や迷惑な動物がいたら，CRISPRがその問題を（いつか……）解決してくれるかもしれません．

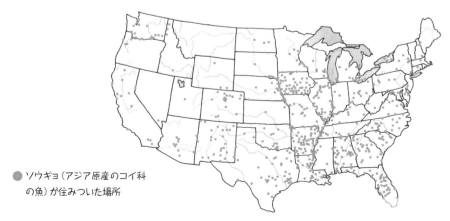

● ソウギョ（アジア原産のコイ科の魚）が住みついた場所

動物の世界で CRISPR（クリスパー）の応用を進めるべきだ，といえる根拠（こんきょ）はいろいろあります．

たとえば，遺伝子編集は選抜育種（せんばつ）や交配育種よりも人道的かもしれません．

第6章では植物の選抜育種（せんばつ）や交配育種（こうはい）の話をしましたが，これらの方法は動物たちにも使われています．狼（おおかみ）からは選抜育種（せんばつ）によって実にさまざまな子孫（チワワからグレートデンまで）がつくられてきましたし，人気の犬種の中には，まったく違（ちが）った性質の両親をわざと交配させて生まれたものもいます．

遺伝子編集と選抜育種（せんばつ）の大きな違（ちが）いは，育種には何世代も時間がかかること，生まれた動物たちを長いあいだずっと閉じこめておかなければならない場合が多いことです．さらに，近親交配（しんせき）（人が求める形質を強化するために，近い親戚関係〔きょうだい，いとこなど〕の個体どうしを交配さ

せること）をおこなうことで遺伝的多様性が失われ，犬の股関節形成不全（こかんせつ）などの単一遺伝子疾患（しっかん）や，がん，心臓疾患（しんぞうしっかん），免疫疾患（めんえきしっかん），神経疾患（しっかん）などの複合的な病気のリスクが高まる可能性があります．こうした理由から，遺伝子編集でペットを生みだす方法は，これまでおこなわれてきた動物育種の方法よりもずっとよいものになると考えている人たちがいます．

とはいえ，遺伝子編集によってひとりひとりの好みに合わせたペットをつくったり，絶滅（ぜつめつ）した種を復活させたりするのにはまだまだ時間とお金がかかります．その手間と苦労は，いま生きている動物たちを守るために使ったほうがよいのではないでしょうか？　実は，こんな悩（なや）みにも CRISPR（クリスパー）が役に立つかもしれません．

シュヌードル〔日本では「シュナプー」ともよばれる〕は，シュナウザーとプードルを交配させて生まれる犬のこと．

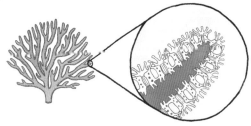

❶ 健康なサンゴ
サンゴのポリプたち※と共生藻類はお互いに支えあって生きている. 〔※ポリプという小さな個体が集まってサンゴの形をつくっています〕

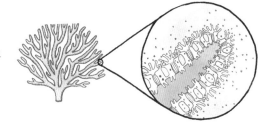

❷ ストレスを受けたサンゴ
ストレス〔高い温度など〕を受けると, 共生藻類はサンゴを置いて逃げだしてしまう.

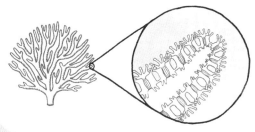

❸ 白化したサンゴ
共生藻類がいないとサンゴは白くなり, 弱ってしまう.

動物 (と周りの環境) を守るために遺伝子編集を活用できる場面はいくつかあります. たとえば, 科学者たちはグレートバリアリーフ〔世界最大のサンゴ礁地帯〕を保全するため, CRISPR を使ってサンゴの生活環 (ライフサイクル) にとってとくに大切な遺伝子を突きとめようとしています. また, 科学者たちはサンゴの白化 (海水の温度が上がると, その影響でサンゴに住み着いている藻類がいなくなってしまい, サンゴが必要な栄養素を受け取れなくなってしまう現象) に関係する遺伝子にも注目しています.

遺伝子編集で動物の絶滅を防ぐ別の例として, 侵入種 (外来種) を自然のなかの生息地から駆逐するというものがあります. 五大湖からアジア原産のコイ科の魚たち (93 ページ「侵入種 (外来種)」を参考) を根絶やしにするために, 遺伝子ドライブを使うことが検討されています. 「意図的な絶滅」とでもいえそうな方法ですね. 北米にもちこまれて以来, この魚たちは現地に生息する野生の食用魚に壊滅的な影響を与えてきました. 北米ではアジア原産のコイ科の魚たちの数を減らそうと, 電気柵, 水中銃, においを使った誘引罠などに何百万ドルもの費用がかけられてきました.

CRISPR を使ってゲノムを編集し, オスの個体しか生まれてこないようにできれば, この魚たちはかなり短期間で五大湖から消えていくでしょう. もしそれがうまくいけば, 同じ技術を使って世界各地にいるほかの侵入種 (外来種) にも対応できるのではないでしょうか (93 ページ「侵入種 (外来種)」を参考).

徐行
YIELD

遺伝子編集動物が侵入種（外来種）になってしまったらどうするのでしょう？

たとえば，五大湖にいるアジア原産のコイ科の魚たちの遺伝子を編集したとして，そのうち1匹（びき）がふるさとのアジアにたどり着いてしまったらどうなるでしょう？　あるいは，五大湖に元から住んでいる種（しゅ）の魚と交配してしまったら？　生態系について考えるときには，**すべてのものがつながっている**ことを意識しなければいけません．生きものどうしのあいだには，私たちが予想もしない（あるいは，予想できない）形で影響（えいきょう）が出てくる場合があるのです．たとえば，みなさんが育ててきたペットを自然界に放したら，野生の動物に病気をうつしたり，野生の動物から食料をうばったり，野生の動物と交配したりして，生命のネットワーク全体をめちゃくちゃにしてしまう可能性があります（あの小さくてかわいいうさぎがこんなにひどい被害（ひがい）を起こすかもしれないだなんて，だれが知っていたでしょうか？）．

ここで，ケナガマンモスの話を思いだしてみましょう．人工的に復活させられた生きものたちは，現代の世界のなかでどう生きていくのでしょうか．それに，北極地方に今いる動物たちも，それ自体がもはや絶滅（ぜつめつ）の危機にさらされています．そんな動物たちから，復活したケナガマンモスが食料や居場所などの資源をうばってよいのでしょうか．

ケナガマンモスが新たな侵入種（しんにゅうしゅ）になってしまわないでしょうか？

いえ，そもそもケナガマンモスは今のシベリアでの暮らしに適応できるのでしょうか．ある人が突然（とつぜん），意識を失い，50年後に目を覚ます——みなさんはきっと，漫画や小説のなかでこんな話を見たことがあるでしょう．こうして目覚めた人物は，電子レンジからスマートフォンまで，ありとあらゆるものの使いかたがわかりません．賢（かしこ）くて社会的な動物である象は，生きていくための情報（たとえば，冬のあいだにどこで水を見つけるか）を遺伝よりも学習によって伝えていくことが多い生きものです．ケナガマンモスのお母さんがいない状態で生まれ，何が何だかわからない世界に連れてこられた赤ちゃんマンモスは，自然界で生き延びる方法をどうやって学ぶのでしょう？

絶滅（ぜつめつ）した生きものを復活させるためにCRISPR（クリスパー）をどう応用するか．その判断は，ひとつひとつの事例（あるいは生きもの）ごとに考えなければいけません．今の時点では，全員が賛成するような判断基準も，未来の影響（えいきょう）を占ってくれる水晶玉（すいしょう）も存在しません．これは遺伝子編集の「滑（すべ）りやすい坂道」（20ページを参考）にかかわるほかのどの話も同じです．

「遺伝子編集動物はこの世界にとって安全か？」と考えるのは大切です．でも，「この世界は遺伝子編集動物にとって安全か？」と考えることも大切です．

遺伝子編集によって，ペット用の豚はもっと扱いやすい（そしてもっとかわいい）サイズになるかもしれません．でも，体が小さくなったからといって，鼻で地面を掘り返すという豚の本能がなくなるわけではありません．もしみなさんがアパートや庭が小さめの家に住んでいるなら，この性質が間違いなくじゃまになるでしょう．

続いて，犬や猫の寿命を延ばして飼い主よりも長生きできるようにしたらどうなるでしょう．動物保護施設や保健所に入るペットが増えるでしょうし，もっと悲しいことでいえば，安楽死させられるペットも増えてしまうでしょう．また，マイクロブタ（や，ほかの遺伝子編集動物たち）が健康問題を起こしやすくなるかどうかはまだわかりませんが，その可能性があるのは確かです．実際に，動物の特徴をいくつか変えることで，いま使われている育種の方法で生じるのと同じような（あるいは，それよりも悪い）病気が生じることがあるのです．

最後に，こうした実験が失敗してしまったら何が起こるでしょうか．人間の健康増進のために動物実験を受け入れる，という場合とはまた別の話です．小さなバッグに入るペットや，動物園で見物したくなるようなめずらしい生きものをつくりだすために，私たちは動物たちを痛めつけることを正当化してもよいのでしょうか？

動物権利保護団体の人びとが，動物のクローンをつくることに対して反対意見を発表しています．経済的な利益のためだけに動物を閉じこめて操作することになるので，クローン動物をつくることは人道的ではないという意見です．みなさんがその説明に賛成するかどうかは別として，これだけははっきりといえます——ケナガマンモスを復活させるにはアジアゾウに「代理母」として助けてもらう必要がありますが，そのアジアゾウ自体も，密猟や生息地の破壊によって過去100年間ですでに個体数が半分にまで減っています．

細胞を集めるために象たちを捕まえて体の組織を採取してもいいのかどうかも疑問ですが，それに加えて，マンモスの代理母となるアジアゾウが妊娠中に無事でいられるのかどうかもわかりません．もしお母さん象が無事に妊娠期間を乗りこえたとしても，臨月を迎え，生きたマンモスを出産することによるリスクはどれほど大きいでしょうか．

一番うまくいった場合（マンモスの赤ちゃんが生まれ，代理母になったアジアゾウも無事に生きている）でも，その先のことに保証はありません．これまでにおこなわれたクローン動物づくりの研究では，クローンたち（とくに，別の種の生きものが代理出産したクローン）にさまざまな健康問題が起こりやすくなるかもしれないことがわかってきました．

いま挙げてきたような問題の可能性は，これから研究が進んでいくなかで解消できるかもしれません．でも，まだ疑問は残ります．死んだ動物を生き返らせたり，ペットをひとりひとりの好みに合わせて改造したりする理由は，「お金もうけをしたい」という目的以外にもちゃんとあるのでしょうか？　自己中心的な欲望を満たすため？　過去の過ちを埋め合わせるため？　もしかしたら，クローンをわざわざつくるより，今ここにある自然を変えないようにするのが一番よいことなのかもしれません．

鋭い質問
Cutting Questions

巨大なマンモスをめぐる大議論

　CRISPR の研究を進め，ケナガマンモスを復活させる取り組みも主導してきた研究者のジョージ・チャーチは，北極地方の保護区をゆったりと歩き回るマンモス（もしくは，それに似た生きもの）の堂々とした姿を思い描いています．チャーチは，アジアゾウをこのまま絶滅の危機にさらしておくよりも，そのゲノムをもっと「マンモス風」に編集したほうが，違った気候にも適応して生息地を広げられるようになって，むしろアジアゾウという種の保護に役立つのではないかと提案していました．また，彼はケナガマンモスを復活させることが気候変動対策にも役立つのではないかとも考えています．ケナガマンモスは「雪に穴を開けて地面に冷たい空気が入ってくるようにして，ツンドラの凍土がとけるのを防ぐ」からだそうです．この主張の根拠に賛成する科学者もいます（91 ページ「マンモスが暮らしたツンドラ地帯」を参考）．

　ケナガマンモスを蘇らせるのに反対する人たちは，チャーチの話に納得していません．彼らは，絶滅した生き物を復活させても，昔の過ちの埋め合わせをしたり，私たちが起こした環境破壊をなかったことにしたりできるわけではないと主張します．ケナガマンモスはそもそもこの世界では生きられなくなって絶滅したのに，同じ世界にふたたびマンモスを住み着かせようとするのは，本当は倫理に反することなのかもしれません．狩猟や生息地の破壊など，ケナガマンモスの絶滅にかかわっていたかもしれない人的活動は今も続いています．マンモスの牙の置き物や毛皮の敷き物が急にまた販売されるようになるのではないか，そして，最初にマンモスを絶滅させてしまったときと同じく，人間は今回もマンモスをうまく保護できないのではないかと心配している人たちもいます．

みなさんはどう考えますか？
私たちは CRISPR を使ってケナガマンモスのような種を蘇らせるべきでしょうか．

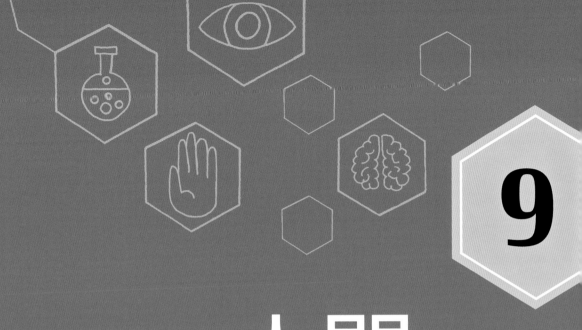

9

強化された人間

CRISPR に秘められたさまざまな力のなかでも，この使いみちはとくに大きな注目を集めるでしょう．自分たち自身をもっとすごくする，なんてことを考え始めたら，ついわくわくしてしまいますよね．もっと速く走れるようになりたい，もっと高くジャンプできるようになりたい（でも，何時間もスポーツジムでトレーニングなんてしたくない），と思わない人がいるでしょうか？　数学のテストや小論文の課題をもっとうまくできるようになりたい（でも，参考書や問題集は読みたくない），と思わない人もいるでしょうか？　しかし，遺伝子編集で今より優れた人種をつくりだすなんてことが本当にできるのでしょうか．答えは「できる」でもあり，「できない」でもあります．

■より良い体

CRISPR を使って鎌状赤血球貧血症のような単一遺伝子疾患を治せるなら，同じようにして，1 つの遺伝子を変化させて能力を高めること（記憶力を上げる，筋肉量を増やすなど）もできるでしょう．ただ，長寿や知能といった複合的な形質の話になると，話はうんと複雑になってきます．なぜでしょうか？　それは，がんや心臓疾患と同じように，こうした形質には**たくさんの遺伝子と環境要因**がかかわっているからです．

ニュース記事の見出しや SNS（ソーシャル・ネットワーキング・サービス）の投稿に出てくる話題のなかには，私たち人間の今の知識ではとても実現できな

優生学

優生学：人間の「良い」遺伝子を増やし，「悪い」遺伝子を減らそうとする学問

第二次世界大戦中，ナチス・ドイツの科学者や政治家たちは，自分たちが「人種の退廃」とよぶ物事を止めるために優生学的な政策を強め，それがやがて民族浄化〔別の民族の人びとを殺すこと〕と集団強制不妊手術〔たくさんの人に強制的に手術をして子どもをつくれないようにすること〕につながりました．ナチスの優生学的な思想はあとになって信用を失いましたが（ただ，罪のない何百万人もの人びとの命を救うには間に合いませんでした），北米やヨーロッパのたくさんの国ぐにでは，第二次世界大戦が終わってからも長いあいだ，知的障害のある女性に不妊手術をおこなうことが合法化されていました〔日本でも，1948 年から 1996 年まで，障害や病気のある人やその親族に対し，本人たちに知らせないまま強制的に不妊手術がおこなうことが合法化されていました〕．

もし，CRISPR がナチス・ドイツで（そして，それ以外でも）使われていたらどうなるか考えるとおそろしい話です．でも，たとえヒトラーのような人物がいなくても，CRISPR が普及していくことで「遺伝子格差」が生まれる可能性はあります．こんなふうに考えてみてください．遺伝子編集の費用を払える余裕がある人（または，遺伝子編集を使った治療に健康保険が適用されて，安い費用で遺伝子編集を受けられる人）は，そうでない人にはできないような形で自分のゲノ

ムを向上させられるでしょう．年月が経つにつれて，豊かな人と貧しい人のあいだの格差はますます広がり，耳が聞こえないことや肥満などを受け入れられない社会が生まれるかもしれません．

遺伝子編集でどんな形質を切り捨てる（あるいは，取り入れる）べきか，だれが決めることになるのでしょう？　私たちは金髪で青い目の人しかいないような世界を本当に求めているのでしょうか？　私たちはすでに，一部の性質を他の性質より高く評価して，少数派（マイノリティ）の人たちに対して厳しくなりがちな社会に暮らしています．多様性を高め，それと同時に不平等の解消に取り組もうとする努力と CRISPR はどうなじんでいくのでしょうか？

社会が CRISPR を前に進めていくのに合わせて，私たちは「古い優生学」から抜けだす動きも進めています．「古い優生学」は，だれが子どもをつくり，だれが子どもをつくらないかを管理することに頼り，特定の人種や集団を向上させるという目的をもっていました．「新しい優生学」は，個人の遺伝子を編集して，個人がより遺伝的に優れた存在になることのほうに注目したもので，これまで想像もしなかった新しい性質を生みだす可能性も秘めています．こんなことができると知っていたら，ヒトラーもやりたがったでしょうか．

いような話があります．たとえば，魚のしっぽが生えた人間をつくりだす，といった考えを例にとってみましょう．この案をすぐに実現できそうにないのはなぜでしょうか？　それは，しっぽを伸ばすためには，特定の細胞群が発達していくあいだに，複数の遺伝子のスイッチをそれぞれ違ったタイミングでオンやオフにする必要があるからです．そして，私たちはそういうことを——CRISPR の助けを借りたとしても，借りないとしても——まだできないのです．

　でも，みなさんがプールでもっと有利に泳ぎたいというなら，ひょっとすると別の手段が使えるかもしれません．それは，隣りあった指どうしが水かきでつながった状態（「合指症」ともいいます）になることです．実は，合指症はあまりめずらしいものではなく，およそ 2,000 人に 1 人は生まれつき何らかの合指症があります．お母さんのおなかのなかにいる胎児のときに，指のあいだの皮膚がうまく分かれないことが理由です．皮膚が分かれていく過程にはいくつかの遺伝子がかかわっていますが，そのうち 1 つをノックアウトするだけでも，水かきができる確率がうんと上がるかもしれません．

プールのなかではなくて，陸上で有利になれる特徴がほしい？　それなら，CRISPR を使って指の形成にかかわる遺伝子に狙いを定めることを考えてみましょうか．アメリカのメジャーリーグベースボールで 2000 年の最優秀救援投手賞に選ばれたアントニオ・アルフォンセカが野球選手として活躍できたのは，偶然の遺伝子変異によって両手にそれぞれ 6 本ずつの指をもって生まれたおかげかもしれません．この特徴は遺伝子編集によって再現できるでしょう．

　指どうしがつながっていたり，指の数が多かったりすると，運動能力が高まるかもしれません．また，赤外光を目で見ることができるとか，嗅覚が普通の人よりも鋭いといった超能力をだれかに与えたら，また別の強みがはっきりと出てくるでしょう（そして，もしかすると弱みも——自分の運動靴からいやなにおいがしてしまう人ほど，嗅覚の鋭さに悩まされるはずです）．とはいえ，人間を本当にスーパーヒーローに変えられるようになるまでには，人間のゲノム，遺伝子どうしの相互作用，人間の発達に対する環境要因の影響について，まだまだたくさんの情報を集めていく必要があります．

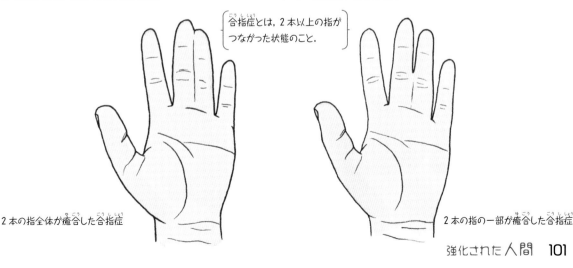

合指症とは，2 本以上の指がつながった状態のこと．

2 本の指全体が癒合した合指症

2 本の指の一部が癒合した合指症

神様のように世界の形をつくりかえる？

　世界各地の国ぐにのあいだで，人間の生殖系列細胞を改変することは「非人道的な人体実験」であり，かつ「人権の侵害」でもあると述べる国際宣言がいくつもだされてきました．こうした宣言をだす人びとは，生殖系列細胞の遺伝子編集を（一時的にではなく，完全に）禁止してほしいと考えています．このような人たちは，生殖系列細胞の遺伝子編集には，私たちが「**人間らしさ**」だと見なしている特徴を変えてしまう能力があると考えているからです．

　チャールズ・ダーウィンによれば，進化というのは何か理想的な完成形に向かって進んでいくものではなく，身の回りの複合的な状況にだんだんと適応していく過程です．ある遺伝子がどのようにはたらくべきかという指示が進化によってだされることは，自然界のどこにおいてもありません．

　ですが，科学者たちの間には「『壊れた遺伝子』をもっている人びとは，遺伝子を修理してもらいたがっているだろう」と考える人もよくいるようです．遺伝子を「直す」ために CRISPR という道具箱を使えば，私たちが身の回りの環境とのあいだで，さらには人間どうしのあいだでもおこなう複雑な相互作用を無視することになります．生殖系列細胞の遺伝子編集を禁止すべきだと考える人たちは，決して答えが出ない疑問があまりに多すぎるからこそ，この行為に反対しているのです．私たちは，子孫へ受けつがれていくような編集を自分たちのゲノムに加えることによって，まったく新しい種の人類をつくりだすことができるのでしょうか？　今の私たちがファッションで自分らしさを表現するのと同じような感覚で，いつか私たちは遺伝子の違いで自分の個性を示すようになるのでしょうか？　どの遺伝子が「良い」もので，どの遺伝子が「悪い」ものかを判断する権利を人びとは何かもっているのでしょうか？　自分たちには予測できない世界で生きる未来の世代にとって何が一番よいことなのか，私たちはどう判断するのでしょう？

　もし，病気〔の治療〕と能力強化の間に境界線を引くことができないなら——あるいは，そうした判断の結果を予測できないなら——私たちはこの領域には足を踏み入れずにいたほうがよいかもしれません．私たちが改変しようとしているものは，自由に崩してつくりなおせる砂のお城とは違うのです．

■デザイナーベビー

　もちろん，ここまでに挙げた「能力強化」は，どれ1つとして，体が発達しきった大人におこなうことはできません．実際には，どの操作も赤ちゃんがまだ赤ちゃんの形にもなっていない段階のうちにおこなう必要があるからです．さあ，ここでまた，第3章からお話ししてきた（31ページ「受けわたす」を参考）生殖系列細胞の遺伝子編集についての話題に戻ってきます．この議論は，本当は 2012 年に CRISPR の能力のことが報告された時点で始まっているべきものでした．今となっては，人びとが議論を始めるには遅すぎるかもしれません．

　2018 年，「世界で初めての遺伝子編集ベビーたち」が誕生したと伝える報道により，CRISPR のことがニュースに登場する機会は爆発的に増えました．中国で生まれたこの「遺伝子編集ベビー」は双子の女の子（「ナナ」と「ルル」）で，生まれつき HIV（57ページ「こっそり攻撃してくる HIV」を参考）への免疫をもつように遺伝情報を設計（デザイン）されていました．この研究のリーダーだった科学者，賀

建奎は遺伝子編集の手順をこんなふうに表現しました〔賀は遺伝子編集のことを「遺伝子の手術」という言葉で説明しています〕.

「〔遺伝子編集ベビーを生んだ母親の〕妊娠は, ある1点の違いを除いては通常と同じIVF〔体外受精〕で始まりました. その違いというのは, 彼女の夫〔父親〕の精子を卵のなかに送りこんだ直後に, ほんの少量のタンパク質と, 遺伝子の手術の手順を指示する説明書も卵のなかに送りこんだことです. この手術により, HIVが人間に感染するときの入り口を, ルルとナナがまだ1つずつの細胞〔精子と卵が合体したばかりの受精卵〕でいるうちに取り除きました. 数日後, 私たちは〔〔受精卵が分裂してできた〕胚を母親の〕子宮に戻す前に, 遺伝子の手術がうまくいったかどうかを全ゲノム配列解析〔「全ゲノムシークエンシング」ともいいます〕で確認しました. 解析の結果は, 遺伝子の手術が問題なく効果を発揮したことを示していました. 意図した通りの結果でした」.

もし, この報告の内容が事実だったとしても (この本〔の英語版〕が出版された時点〔2020年〕では, 賀建奎の研究は学術誌に事実として認められたり, 論文として発表されたりはしていません), ナナとルルが初めて遺伝子編集を受けた赤ちゃんなのかどうかは知りようがありません〔それよりも前に, どこかでこっそりと実験がおこなわれていたかもしれないのです〕. そして, もし2人が最初の遺伝子編集ベビーだったとしたら, 最後の遺伝子編集ベビーということにもなるのでしょうか? いえ, この技術の発展の速さを考えると, おそらくそうはならないでしょう.

もう少し現実的な質問をするなら, こんなふうになるでしょうか——遺伝子編集ベビーをつくる道への「門」が開かれてしまった今, その道が今度はどのように使われるのでしょう? 人間をもっと健康にするため? すごい能力をもったアスリートを生みだすため? 特定の集団の人びとを消し去るため (100ページ「優生学」を参考), あるいは殺人マシーンを設計するためでしょうか?

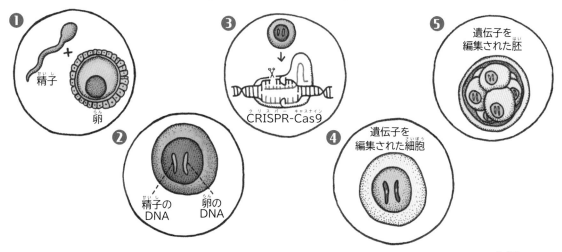

〔生殖系列細胞の遺伝子編集〕

❶ 精子 + 卵

❷ 精子のDNA 卵のDNA

❸ CRISPR-Cas9

❹ 遺伝子を編集された細胞

❺ 遺伝子を編集された胚

CRISPR についての合意

これまで、「CRISPR 革命」といわれるものは、おもに研究室、あるいは、バイオテクノロジー関連の新興企業や強大な製薬会社で起こってきました。〔CRISPR にかかわる〕政策や方針を国内でつくってきた国もいくつかありますが、大部分の議論は、国際ヒトゲノム編集サミットなどの権威ある会議に集まった科学者、倫理学者、政府関係者たちのあいだでおこなわれてきました。

そして今、これからこの CRISPR 革命をどのように進めていきたいか、みんなを集めて話し合うときがやってきました——最初にそうすべきだったタイミングからはかなり遅れてしまっています。そして、今の世界状況において、私たちは CRISPR にかかわる決まりと規制に世界のすべての国が加わるようにしなければなりません。そうしなければ、新たな形の軍備拡張競争が始まってしまい、私たちはどの国が最初に遺伝子編集を使って優位に立つかを目の当たりにすることになるかもしれません。

もちろん、世界中のあらゆる人びとを同じ話し合いの場に集めるのは難しいことです。そこで、世界保健機関（WHO）が私たちに代わってその仕事をしようと試みています。WHO は「ヒトゲノム編集に関連する科学的、倫理的、社会的、そして法的課題」を詳しく調べるため、18 人の専門家による国際委員会を設置しました。

米国科学アカデミー（アメリカの非営利・非政府組織）などの諮問機関〔専門分野についての助言をおこなう機関〕では、すでにヒトゲノム編集に対するガイドライン（指針）を発表してきました。そこでは、何よりも**生殖系列細胞**の遺伝子編集を制限し、**深刻な病気**を予防する目的で、**ほかに別の選択肢がない場合**に限って生殖系列細胞の遺伝子編集を使う方針が示さ

れています。ただ、その線引きはあいまいです。たとえば、鎌状赤血球貧血症などは「ほかに別の選択肢がない深刻な病気」に含まれるのでしょうか？ 鎌状赤血球貧血症には治療法がありますが（第 3 章でお話ししましたね）、侵襲的〔体に傷がついたり負担がかかったりすること〕で、費用も高く、しかも病気を完全に治すことはできません。このような病気を予防するために生殖系列細胞の遺伝子編集をおこなうことと、将来の世代の人びとが AIDS や Covid-19〔新型コロナウイルス感染症〕などの感染症にかからないようにするために生殖系列細胞の遺伝子編集をおこなうことをどう比べたらいいのでしょうか？

WHO の委員会では、こうした疑問に答えようとしているだけでなく、ヒトゲノム編集研究の国際登録センターをつくることも検討しています。そうすれば、だれもが科学研究の最新の進み具合を知ることができるようになり、一方で、政策や事業方針を決める人たちには説明責任が生じてくるでしょう。また、研究の情報を登録しておくことで、ゲノムにどのような遺伝性の（子孫に受けつがれていく）変化が加えられたのかを人びとが追跡できるようにもなるでしょう。そうなれば、私たちは生殖系列細胞のゲノム編集がもたらす影響を長期間にわたって調べていくことができます。

次のステップは、CRISPR のような技術を監視する方法を見つけだすことです。人びとが国際登録センターをきちんと使えるようにしくみを整えることから、政策や方針を守らせることまで、監視の内容は多くの分野にわたります。「世界で初めての遺伝子編集ベビー」の事例で見てきたように、これは——国際社会が合意に達しているかどうかにかかわらず——たいへんな仕事になるでしょう。

行きすぎになる前に，一歩引いて考えましょう．

絶対に HIV に感染しない人間をつくりだすことも，「デザイナーベビー」の能力強化とみなされるのでしょうか？ これについての意見は人それぞれです．「デザイナー〇〇」というと何か豪華なもの，あるいはおしゃれなものをイメージしがちですが，実は，この言葉は計画や設計をもとにつくられたもの（たいていは，細かいところまで念入りに計画されたもの）なら何にでも使えます．とはいっても，私たちが「完璧な子どもをつくるとしたら，どんな子だろう？」と空想をふくらませるときに，「病気に強い」という性質を一番に挙げることはなかなかありませんね．ただ，賀建奎の研究に参加することに自ら同意した 8 組のカップルの場合は違ったのかもしれません．発表された 8 組の事例はすべて，父親が HIV に感染していて（HIV 陽性），母親が HIV への感染は確認されていない（HIV 陰性）というカップルでした．この 8 組にとっては，生まれたときに HIV に感染していないだけでなく，一生にわたって AIDS を発症しない赤ちゃんを産むことは，まさに夢の実現なのかもしれません．

ところで，ナナとルルの誕生をめぐって論争が起こったのは，HIV とはとくに関係のない理由からです．論争のもとになったのは，賀建奎が，ヒトの胚で CRISPR を使って T 細胞の HIV 受容体遺伝子をノックアウトするのは安全かどうかをじゅうぶん確かめずに実験を進めた点です．オフターゲット編集（第 3 章を参考）や細胞への CRISPR の届けかたの違い（第 5 章を参考）に

ともなうリスクがあるだけでなく，HIV 受容体のない人びとはウエストナイルウイルス感染症（西ナイル熱）やインフルエンザといったほかの感染症にかかりやすい可能性があると示す研究もあったなかで，このような実験を進めたことが問題となりました．また，HIV 受容体遺伝子のノックアウトはもしかしたら脳にも影響するかもしれないと推測されています．というのも，HIV 受容体のない実験用マウスには，人間でいえば学校での成績がよかったり，脳卒中からの回復が早かったりするような，一種の「頭のよさ」があるからです．そんな影響が出るならむしろありがたいといえるかもしれませんが，大事なことを忘れてはいけません——私たちは，人間のゲノムにこうした変化を加えることが倫理的なのかどうかを判断できるほどの情報をもちあわせていないかもしれないのです．どの遺伝子をいじるにしてもそうです．とくに，編集した内容が次の世代，その次の世代，さらに次の世代……と受けつがれていく場合には，なおさらです．

このような研究が今後も続くというなら，おおもとになる実験が科学的に見て適切に計画されていること，倫理的に実施されていることをきちんと確認しなければなりません．CRISPR によるデザイナーベビーづくりの場合，だれが周りをだし抜いて先にスタートするか，という競争になってはいけません．そして，研究にかかわる人たち——（研究者ではなく）親と子どもたち——がこれからも一番大切にされなければなりません．

止まれ
STOP

そもそも賀建奎がこんな大胆な実験を試す許可を
どうやって得たのか，気になりますか？

実は，彼は許可を得ていなかったのです．

遺伝子編集ベビーについての発表がおこなわれてすぐ，賀が働いていた大学では，大学側はこの実験計画について知らなかったと声明をだし，賀を無給で休職させました．その後，賀は仕事を解雇され，また，違法な医療行為をおこなった罪で3年間の懲役刑をいいわたされました．

もし，同じことが別の場所で起こっていたら事情は違っていたでしょうか？　それはわかりません．ヒトゲノムの編集，そしてヒト胚の研究についての政策は国や地域によって幅広い差があります．しかも，どれも細かい規則がかかわってくる話なのです．

カナダ，イギリス，多くのヨーロッパの国ぐにでは，子どもに受けつがれるかもしれない編集をヒトゲノムに加えることはすべて違法です．アメリカには今のところ同じような法律はありませんが，生殖系列細胞を扱う臨床試験は諮問機関から許可されませんし，国から研究資金を受けとることもできません（ただ，そのような決まりがあっても賀の行為を止めることはできなかったでしょう）．報道によれば，賀は自分のお金を使ってヒト胚の遺伝子編集処理をおこなっていたようですから）．また，CRISPRに使われる薬品や器具を供給する多くの会社は，

「遺伝子編集用品は胚以外の編集にだけ使う」という制限つきで商品の販売許可を受けています．ですが，いったん発送された商品がどのように使われるのか，販売会社が必ず管理しているわけではありません．

ナナとルルについてのニュースが明らかになったあと，何百人もの中国人科学者たちが「自分たちはこの研究に反対する」という文書に署名し，SNS（ソーシャル・ネットワーキング・サービス）に投稿しました．CRISPRの技術を開発した研究者の1人であるジェニファー・ダウドナ（67ページ「CRISPRはだれのもの？」を参考）は，「〔遺伝子編集ベビーがつくられたという〕知らせに衝撃を受け，嫌悪感をいだいた」と明言し，科学界全体に医療のためにCRISPRを使う際の基準をつくる取組みを増やそうとよびかけました．

その取組みはおこなわれている最中ですが（104ページ「CRISPRについての合意」を参考），論争の的となるこうした話題について，違った国ぐにの人たちが同じ意見に落ち着くのはやはりたいへんです．そのあいだに，多くの科学者たち——CRISPRの研究を早くから進めてきたエマニュエル・シャルパンティエや張鋒もそうです——が「胚，卵，精子やその元になる細胞にこの技術を使っても安全だという証

拠がだされるまで，生殖系列細胞の遺伝子編集はいったん延期するべきだ」という提案をしてきました．

　基準を定めたり，技術の安全性を確かめたりするだけでは足りないと考える人もいます．フランシス・コリンズ（人間のゲノムの塩基配列を読みとる「ヒトゲノム計画」のリーダーの1人でした）は，「世界で初めての遺伝子編集ベビー」たちが生まれたことは「甚大な科学的事故」だったといいました．アメリカの国立衛生研究所（NIH．アメリカの保健福祉省のなかの組織で，病気や障害の予防，発見，診断，治療のための研究に毎年370億ドル以上の政府資金をどう使うかを決めています）の所長を務めていたコリンズは，この発言よりも前に，NIH が「ヒトの胚に対する遺伝子編集技術の使用に資金援助をすることはない」と宣言していました．その後の詳しいインタビューで，コリンズは生殖系列細胞の遺伝子編集に意味があるといえるような状況はまず考えにくいと述べ，生殖系列細胞の遺伝子編集を「人間らしさのまさに本質を変えてしまうもの」といい表しました．

　「生殖系列細胞の遺伝子編集が完全に安全になることはない．だから，（生殖系列細胞に手を加えるという）一線を越える行為は倫理的に受け入れられない」と考える人たちもいます．

CRISPR の技術がどれだけ向上しても，遺伝子編集が1人の人間に与える変化全体を科学者たちが完全に予測することはできないでしょう．遺伝子編集の影響をすべて〔編集を受けた人の一生にわたって〕見届けるには何十年もかかるのですから．しかも，遺伝子編集の影響を受ける本人は，事前に説明を受けて納得してから処置を受けること〔インフォームド・コンセント：情報を受けとったうえでの同意〕なんてできません——生殖系列細胞に遺伝子編集をおこなう時点では，その人はまだ細胞の塊でしかないのですから．人間の被験者を対象とする臨床研究〔モデル生物や細胞ではなく，実際の患者に対しておこなう研究〕では，インフォームド・コンセントがとくに大事な条件の1つなのにもかかわらずです．

　私たちがどれだけうまく遺伝子を編集できるようになっても，その影響をすべて理解できるようになるまでのあいだは（それには何世代にもわたる時間がかかるでしょう），生殖系列細胞の編集はあくまで実験的な試みにとどまるでしょう．さらに，その試みが成功したといえるようになるには，私たちは「より良い人類」とはいったい何なのか——私たち自身の存在のまさに核心にかかわる問題——を判断しなければなりません（102 ページ「神様のように世界の形をつくりかえる?」を参考）．

「世界で初めての遺伝子編集ベビー」の話からもわかるように，使える状態の技術があれば，人びとはやがてその技術を使うようになるものです．

　そして，もし法律や社会の慣習を破ろうとする人がいたら，それを止めるのはとても難しくなるかもしれません．

　遺伝子編集の問題についてみんな大騒ぎしすぎだ，と感じる人もいます．そうした人たちは，人間の生殖系列細胞の遺伝子編集の話題を，体外受精が登場したときの話題になぞらえます．体外受精はかつて激しい議論の的になりましたが，今では不妊治療の手法の１つとして受け入れられています．

　子どものできないカップルが妊娠できるように手助けすることで，私たちはすでに一線を越えてしまったのでしょうか？　体外受精が問題ないとしたら，〔体外受精の後で〕子宮に移植する胚を選ぶとき，遺伝性疾患を受けついでいるかどうかを基準にするのはどうなのでしょうか？　——この行為は「着床前遺伝子診断」〔または「移植前遺伝子診断」〕とよばれています（109ページ「着床前遺伝子診断」を参考）．このようにして命を授かって生まれてきた人びとには〔自分がどのように生まれてくるか〕選択の余地はありません．子どもが医療行為を受けるときにはいつも保護者が代わりにインフォームド・コンセント（107ページを参考）をするのと似ているかもしれません．生殖系列細胞の遺伝子編集に対する反対派のなかには，子孫に受けつがれる変化を人間のゲノムに加えることよりも，胚を実験に使うことのほうに反発している人もいます．胚がいつから人間といえるのかについては——宗教と倫理，両方の視点で——さまざまな違った

意見があり，研究で胚をどのように使ってよいかを示す法律や規制も，そうした意見に基づいて定められてきました．もし，胚ではなくて，〔そのさらに手前の〕卵や精子の遺伝子を編集できてしまうなら——しかも，その結果できてくる胚を〔処分するのではなく〕妊娠のために使えるという保証があったら——これまでの議論はまったく違ったものになるでしょう．そして，CRISPRがかかわる他の技術と同じく，卵や精子の遺伝子編集もすぐに可能になるでしょう．

　これまで私たち人間の種としての発展に農業の発展が欠かせなかったように（第6章），近ごろでは医学技術の発展によって，人間はさらに長く，さらに健やかな人生を送れるようになりました．生殖系列細胞の遺伝子編集をいったん延期するという提案に反対する科学者たちは，「研究を止めてしまうとイノベーション〔新発見や技術革新〕が著しく損なわれる」と主張します．「CRISPRで病気を治せるかもしれないのに，私たちにそれを止める権利などあるのか？」という考えです．

　人間社会がCRISPRを使って自分たちのゲノムを編集する能力を手に入れるのは，私たち人類が経験する自然な進化の一部なのかもしれません．見る人によっては，遺伝子編集についての議論はこのようにまとめられるかもしれません．「もし私たちが自分たちのゲノムをいじれるほど——そして，それによって命を救えるほど——賢いなら，実際にやったらいいんじゃないか？」

着床前遺伝子診断

　着床前遺伝子診断（移植前遺伝子診断）は，家族や親戚のあいだで何らかの単一遺伝子疾患が多発しているカップルにとって，その疾患が子どもに受けわたされないようにする予防法の1つとなります．この方法では，妊娠が成立してから〔おなかのなかで育っている胎児の〕遺伝子検査をするのではなく，**胚が子宮の内側にくっついて〔着床して〕育ち始める前**に遺伝子を調べることができます．そのしくみを見てみましょう．

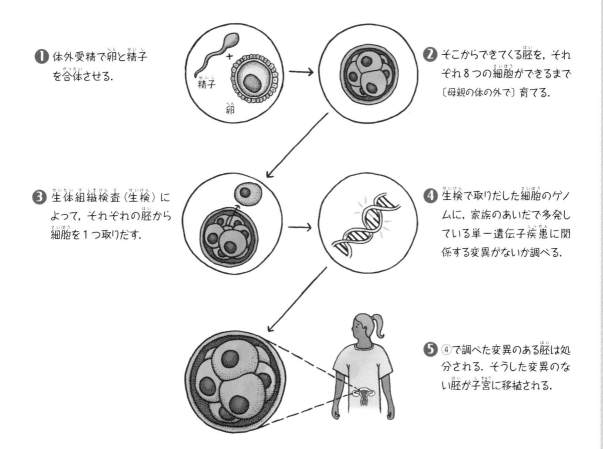

❶ 体外受精で卵と精子を合体させる．

精子
卵

❷ そこからできてくる胚を，それぞれ8つの細胞ができるまで〔母親の体の外で〕育てる．

❸ 生体組織検査（生検）によって，それぞれの胚から細胞を1つ取りだす．

❹ 生検で取りだした細胞のゲノムに，家族のあいだで多発している単一遺伝子疾患に関係する変異がないか調べる．

❺ ④で調べた変異のある胚は処分される．そうした変異のない胚が子宮に移植される．

　途中の段階で胚を処分することになるため，この着床前遺伝子診断に反対する人たちもいます．いっぽう，胎児期に遺伝子検査をしてから人工的に妊娠を中断させるよりはよいと感じる人たちもいます．着床前と着床後，どちらの時期に検査をするにしても，どの遺伝子が次の世代に受けわたされるか——それとも，受けわたされないか——を親たちが決めることができてしまいます．

世論

　科学者や，監視や取締りをおこなう人たちや，生命倫理学者たちの意見のことはこれまでにたくさんお話ししてきました．でも，子孫に受けつがれるような変化をヒトゲノムに加えるために CRISPR を使うことに関しては，みんなの意見が重要になってきます．「みんな」というのは，一般の人たちも含めた全員のことです．

　2016 年にアメリカでおこなわれた世論調査によれば，自分の子どもが病気になるリスクを減らすために遺伝子編集技術が使えるとしたらその技術を使いたいという人と，使うつもりはないという人の割合は半々に分かれていました．ただし，遺伝子編集の過程をきちんと管理できるという条件があれば，「技術を使いたい」という気持ちは高まりました．また調査に参加した人びとには，赤ちゃんが（歴史上どの人間よりもはるかに健康になるような変化よりも）一般の人並みに健康になれるような変化を望む傾向もありました．宗教を深く信じている人たちは，そうでない人たちよりも，生殖系列細胞の遺伝子編集に対して道徳面から反対する傾向がありました．なかでも，遺伝子編集をするために人間の胚に遺伝子検査をおこなう必要があるという条件では，反対する人の割合がとくに大きくなりました．

　その 2 年後にアメリカでおこなわれた調査では（「世界で初めての遺伝子編集ベビー」のニュースが出回る直前です），遺伝によって受けつがれる単一遺伝子疾患から赤ちゃんを守るために遺伝子編集を使うことを 71％ の人が支持していました．また，67％ が，複合的な要因で起こるがんなどの病気のリスクを減らす〔ために遺伝子編集を使う〕ことを支持していました．知性や運動能力を高めるために遺伝子編集を使うことを支持した人は 12％ だけで，目の色や身長などの身体的特徴を変える〔ために遺伝子編集を使う〕ことを支持した人は 10％ でした．

みなさんはどう考えますか？
私たちは子孫に受けつがれるような変化を
人間のゲノムに加えるために CRISPR を使うべきでしょうか？

未来に向き合う

10

　CRISPR は，地球上のあらゆる種——私たち自身の種も——の進化をコントロールできる力を私たちに与えてくれます．CRISPR の技術はとても刺激的ですが，何から何まですっかり新しいというわけではありません．Cas9 が使われるようになる前にも，遺伝子を編集できる酵素はありました（もっと高額で，効果の弱いものでしたが）．そして，遺伝子編集が登場する前にも遺伝子の操作はおこなわれていました．ですから，「私たちは遺伝子編集をするべきだろうか？」という疑問は，必ずしも核心を突いたものではありません．「どのように遺伝子編集を管理しようか？」と考えるのが妥当なのです．

　この本では，CRISPR のさまざまな利用のしかたの長所と短所についてたくさんお話ししてきました．さあ，ここからは未来に目を向けます．今後の CRISPR の発展に対して社会が「とまれ」，「すすめ」，「徐行」の判断をした場合に，世界がもしかしたらこんなようすになるかもしれない，という可能性を思い描いてみましょう．

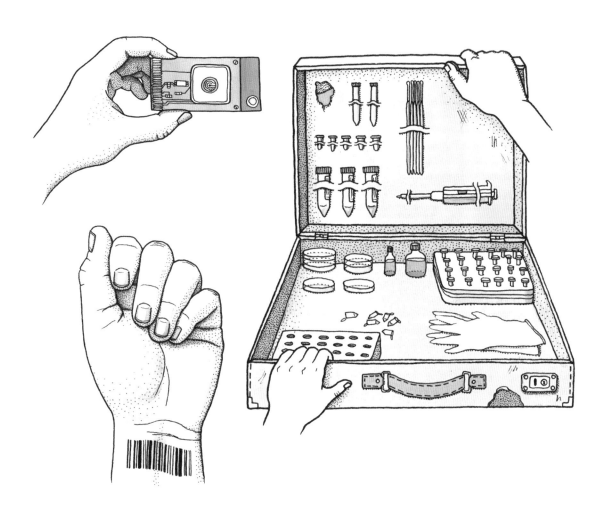

もし，社会が CRISPR に「とまれ」の判断を下したら，
ひょっとするとこんな未来がやってくるかもしれません

CRISPR という言葉を口にしただけで罰金刑.
Cas9 の入った試験管をもった状態で捕まったら刑務所行きです.

——でも，そんなものはまだ大したことではない. CRISPR を使って世界を救おうとする地下組織に加わったら，死刑になるかもしれないのだ. 君の場合はただ，闇市場で売られている自家用 CRISPR キットを買って，母親の使っている発がん性物質入りのヘアカラーを使わずに自分の髪を染めたいだけなのだが，それさえも捕まるリスクがある. それに，キットを手に入れる費用も高額だ. バイオハッカーたちへの監視がこれまでになく厳しくなっているからだ. いや，だれに対しても監視が強まっている——.

CRISPR がすでに発見された今，その発見をなかったことにするのは不可能です. 遺伝子編集を禁止するには，科学界全体が同意して協力する必要がありますが，そんな全面同意が世界的にだされることはなさそうです. したがって，地球規模で遺伝子編集を厳しく監視し，規制していく必要があるでしょう.

CRISPR を使うことを止めてしまえば，気候変動のなかで人口が増えている人類のために資源を提供しつづけ，病気と戦うという社会的取組みも止まってしまう——もし止まるとまではいかなくとも，遅れてしまう——でしょう. そんななかでも法律を破ったり社会の慣習を無視したりする気のある人が出てくるかもしれませんが，そうした人びとが CRISPR を使おうとするのは，きっと，たかがヘアカラーをつくるような単純な目的のためではないでしょう.〔もしかすると，世界を危険にさらすような目的かもしれません〕

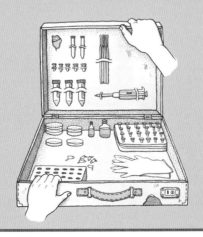

うーん，今日の調子はいまいち．このままだと遅刻しそうです．
それでも，あなたはバスに乗ったら一番後ろまで移動して，
決められた席に座らなければいけません．
あなたのバーコードタトゥーに，あなたは遺伝的に劣った
人間だと記されているからです．

——バスの窓に埋めこまれたスクリーンのスイッチを切ることができたらいいのに，と君は願う．そこに映るのは，初めて見たときからずっと代わり映えしない，ちっとも面白くない古くさい広告だ．CRISPR を使って人びとをもっと賢くすることが，創造性をうばうことにもなる……だれかがそのことを予測してさえいればよかったのに．テレビに何か面白いものが映っていたのはもう 30 年も前のことだ——．

　発展するのが速く，たくさんのことに応用できる力を秘めた CRISPR の技術は，あっという間に制御できなくなって暴走してしまう可能性があります．人間の健康を高めるのであれ，絶滅した種を救うのであれ，あらゆるところに「滑りやすい坂道」があります．

　遺伝子編集のなかには，ある問題を解決するいっぽうで，別の問題を生みだすものもあるでしょう．

疾患と個性のあいだの線引きを世の中の需要に委ねたり，遺伝子ドライブ技術の管理を熱心な投資家に任せたりしたら，取り返しのつかない結果になってしまうかもしれません．そして，その影響というのは，社会の一部の人たちがうまく逃れて無関係のままでいられるようなものではありません．遺伝子編集は生態系全体に影響をおよぼすからです．

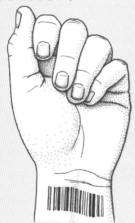

寝起きの調子はいまいち．そこであなたは，自分の CRISPR チップに手をのばします．

——さっとスキャンをおこなうと，すべては異常なしという結果が出て君はほっとする．ゲノムに新しい変異は起こっていないし，ウイルスや細菌が侵入してきている兆候もない．君は朝食用に，病気にかからず，干ばつへの耐性があり，花穂〔実のついている部分〕の大きなとうもろこしからできたコーンチップスの袋をつかんで，通勤中に食べることにする．君は，地球上のあらゆる種に加えられた遺伝子編集の内容を記録してまとめる組織「CRISPR カット」の一員だ．組織のおかげで，変化しつづけるゲノムの塩基配列のデータベースが存在する——．

CRISPR の成功には——そして，もしかすると私たちがこの星で種として繁栄するうえでも——，この技術をどう使うか，あるいはどう使わないかについて，時間とエネルギーをかけて地球規模で合意に達することが欠かせません．簡単なことではありませんが（決してみんなの意見が一致しない議題について，全員に同意してもらうのですから），責任をもって CRISPR の技術を使う方法を見つけることができれば，私たちはまだ予測もできないような成果を得ることができるでしょう．

社会が大きく発展するときには，その変化によってどんな結果にたどりつくのか，だれにもはっきりわからないことがよくあります．CRISPR の技術が私たちにどんな未来をもたらすのかも，本当に知っている人はいません．1980 年代に携帯電話が登場したとき，みんながどこへでも携帯電話をもち歩き，写真撮影からプログラミングまで，あらゆることに使うようになる未来が来るとはだれも想像していませんでした（昔の携帯電話は，高価でレンガよりも大きかったのですから！）．スマートフォン

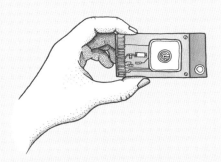

にはたしかに困った点もあるかもしれませんが，スマートフォンのおかげで世界規模での交流や連絡（れんらく）がしやすくなり，情報を得やすくなり，個人の安全がより守られるようにもなりました．携帯電話（けいたい）のように，CRISPR（クリスパー）も近いうちに多くの人が使えるようになって，私たちの想像を超えた形で命や暮らしを向上させられるようになるかもしれません．

　ただ，原子力などの発見がそうだったように，CRISPR（クリスパー）も諸刃（もろは）の剣（つるぎ）です．1932年に原子を分裂（ぶんれつ）させる方法を見つけだしたとき，発見者のアーネスト・ラザフォードは，それが冷戦につながり，世界を核戦争（かく）の危険にさらすことになるなどとは思ってもいませんでした．エネルギーを生みだすために使われる化石燃料の量は原子力によって減りました

が，放射性廃棄物（はいき）がつくりだされ，原子力発電所の炉心溶融（ろ・しんようゆう）（メルトダウン）〔原子炉（ろ）の燃料の温度が高くなりすぎてしまうことで起きる危険な事故〕が起こりました．CRISPR（クリスパー）は病気を治したり，数が増えている私たち人類が気候変動に適応するのを助けたりしてくれるかもしれませんが，それと同時に，新たな軍備拡張競争や，優生学的な動きや，生物テロのリスクに私たちをさらします．

　未来は不確かなものかもしれません．でも，確かなことが1つあります．CRISPR（クリスパー）はこの世にあり，この先も残るということです．私たちがCRISPR（クリスパー）をこれからの数年間でどう扱（あつか）っていくかを決めた結果，未来がどんなものになるかは，その後，長い時間をかけて少しずつわかってくることでしょう．

訳者あとがき

　みなさんは，「CRISPR」という言葉をこれまでに見聞きしたことはありますか？　この本を読む前から知っていた人も，この本で初めて知った人もいることでしょう．もともと，細菌がウイルスから自分たちの身を守るために使っていたCRISPRは，どのようにして私たちの未来を変える——かもしれない——強力な道具となったのでしょうか．その理由が，この本には書かれています．

　CRISPR-Cas9を使った遺伝子編集の技術が2012年に発表されてから，もう10年以上が経っています．そのあいだに，技術をつくりだしたグループの代表者たちは大きな賞をいくつも受賞し，たくさんの人に知られる有名人になりました．今では世界のあちこちの研究室でCRISPRを使った遺伝子編集がおこなわれています．でも，その技術がいったいどんなものなのかを知っている人は，意外にまだ少ないのです．CRISPRを使ってできるようになった「遺伝子編集」と，それ以前からおこなわれていた「遺伝子組換え」とは何が違うのでしょうか．人間以外の生きものの遺伝子を編集することで，私たちの暮らしにはどのような影響があるのでしょうか．さらに，自分たち自身やその子どもたちの遺伝子を編集するとしたら？　そもそも，遺伝子とは何なのでしょうか．この本を読み終えるころには，みなさんの学校の先生や保護者のかた，かかりつけのお医者さんよりも，みなさんのほうが遺伝のしくみや遺伝子編集のことに詳しくなっているかもしれません．

　とはいえ，この本に書かれている「新しい」技術や知識のなかには，みなさんがこの本を手にとるまでのあいだに古くなっているものもあることでしょう．英語で書かれた本の内容を日本語に翻訳し，日本語版の本をつくって，本屋さんや図書館へと届けるまでには時間がかかるから……でしょうか？　いえ，もっと大きな理由があります．それは，遺伝子を使った研究が，とてもたくさん，とても速いスピードでおこなわれているからです．

　みなさんがこの本を読んでいるあいだにも，世界中の科学者や医師たちが遺伝子を扱う研究を進めています．ある遺伝子の役割を突き止めようとする研究もあれば，DNAを切り貼りする道具を新しくつくりだし，遺伝子をもっと正確にすばやく編集できるようにしようとする研究もあります．研究をおこなう人びとの目的も，人間や動物・植物の病気を治すことから，

わくわくするような新発見を楽しむこと，研究者や会社どうしの競争に勝つこと，お金をもうけることまでさまざまです．こうしたたくさんの研究の成果が積み重ねられて，私たちを助ける——そして，時には悩ませる——新しい技術や知識が生まれてゆくのです．

　人類の長い歴史のなかで考えれば，遺伝子を正確に切り取ったり書き換えたりする「遺伝子編集」ができるようになったのは，ごく最近のことだといえます．しかし，その技術がひとりひとりの人生に与えうる影響はとてつもなく大きなものです．この本に書かれている未来の予想のなかには，みなさんがこの本を手にとるまでのあいだにもう現実に近づいているものがあるかもしれません．ペットや作物が病気になるのを予防したり，おいしくて体によい食材をつくったり，私たちの暮らす環境を守ったりと，夢や希望に満ちた話もあれば，遺伝子編集生物を使うテロや戦争など，まるで悪夢のような話もありましたね．

　私たちの遺伝子はたくさんのことを決めていますが，私たち自身の判断や行動は，それに負けないほど大きな力をもっています．私たちは自分がどう生まれてくるかを決めることはできません．ですが，自分がこの先どう生きていくかを考えることはできます．それぞれの章の終わりには，この本を書いたヨローナ・リッジさんからみなさんへの質問（「鋭い質問」）が載っています．すでにつくられている技術をどう使うべきか，この先どのような技術をつくる（あるいは，つくらない）べきか，遺伝子を扱う技術の未来について考え，話しあうための材料として，この本がみなさんの助けのひとつになることを願っています．

　2023 年 6 月

坪子　理美

参考文献

[1] J. Akst, "Genetically Engineered Hornless Dairy Calves," *The Scientist*, May 10, 2016.
https://www.the-scientist.com/the-nutshell/genetically-engineered-hornless-dairy-calves-33553

[2] "American Society of Hematology, State of Sickle Cell Disease," 2016 Report.
http://www.scdcoalition.org/pdfs/ASH%20State%20of%20Sickle%20Cell%20Disease%202016%20Report.pdf

[3] L. Amoasii, et al., "Gene Editing Restores Dystrophin Expression in a Canine Model of Duchenne Muscular Dystrophy," *Science*, **362**, 6410, 86(2018).
https://science.sciencemag.org/content/362/6410/86

[4] S. Begley, "After 'CRISPR Babies,' International Medical Leaders Aim to Tighten Genome Editing Guidelines," *STAT*, January 24, 2019.
https://www.statnews.com/2019/01/24/crispr-babies-show-need-for-more-specific-rules/

[5] A. Biagioni, et al., "Delivery Systems of CRISPR/Cas9-based Cancer Gene Therapy," *J. Biol. Eng.*, **12**, 33(2018).
https://doi.org/10.1186/s13036-018-0127-2

[6] M. M. Bomgardner, "CRISPR: A New Toolbox for Better Crops," *Chem. Eng. News*, June 12, 2017.
https://cen.acs.org/articles/95/i24/CRISPR-new-toolbox-better-crops.html

[7] E. Brodwin, "CRISPR-Edited Food Is Coming to Our Plates and It Won't Be Labelled as GMO," *Science Alert*, April 3, 2018.
https://www.sciencealert.com/crispr-gene-editing-tool-food-usda-regulation-gmo-or-not

[8] E. Callaway, "Controversial CRISPR 'Gene Drives' Tested in Mammals for the First Time," *Nature*, **559** (July 6, 2018).
https://www.nature.com/articles/d41586-018-05665-1

[9] D. F. Carlson, et al., "Production of Hornless Dairy Cattle from Genome-edited Cell Lines," *Nat. Biotechnol.*, **34**, 479 (2016).
https://doi.org/10.1038/nbt.3560

[10] Center for Genetics and Society, Human Germline Modification Summary of National and International Policies, June 2015.
https://www.geneticsandsociety.org/sites/default/files/cgs_global_policies_summary_2015.pdf

[11] J. Christian, "Poll: Two Thirds of Americans Support Human Gene Editing to Cure Disease," *Futurism*, December 29, 2018.
https://futurism.com/the-byte/poll-two-thirds-americans-support-human-gene-editing

[12] J. Christian, "Bill Gates Backed Startup Is Using CRISPR to Grow Lab Meat," *Futurism*, March 9, 2019.
https://futurism.com/neoscope/bill-gates-startup-crispr-lab-meat

[13] J. Cohen, "An 'Epic Scientific Misadventure' : NIH Head Francis Collins Ponders Fallout from CRISPR Baby Study," *Science*, November 30, 2018.
https://www.sciencemag.org/news/2018/11/epic-scientific-misadventure-nih-head-francis-collins-

ponders-fallout-crispr-baby-study

[14] A. P. Cribbs, S. M. W. Perera, "Science and Bioethics of CRISPR-Cas9 Gene Editing: An Analysis Towards Separating Facts and Fiction," *Yale J. Biol. Med.*, **90**, 4, 625 (2017).

[15] R. Cross, "CRISPR Is Coming to the Clinic This Year," *Chem. Eng. News*, **96**, 2, 18 (2018). (January 8, 2018)
https://cen.acs.org/articles/96/i2/CRISPR-coming-clinic-year.html

[16] D. Cyranoski, "Super-Muscly Pigs Created by Small Genetic Tweak," *Nature*, **523**, 7558, 13 (2015).

[17] D. Cyranoski, "First CRISPR Babies: Six Questions That Remain," *Nature*, November 30, 2018.
https://www.nature.com/articles/d41586-018-07607-3

[18] J. M. K. M. Delhove, Q. Waseem, "Genome-Edited T Cell Therapies," *Curr. Stem Cell Rep.*, **3**,124 (2017).
https://doi.org/10.1007/s40778-017-0077-5

[19] J. A. Doudna, H. S. Samuel, "A Crack in Creation: Gene Editing and the Unthinkable Power to Control Evolution," Houghton Mifflin Harcourt (2017).

[20] E. Ehrke-Schulz, et al., "CRISPR/Cas9 Delivery with One Single Adenoviral Vector Devoid of All Viral Genes," *Sci. Rep.*, **7**, 17113 (2017).
https://doi.org/10.1038/s41598-017-17180-w

[21] J. Fang, "Ecology: A World Without Mosquitoes," *Nature*, **466**, 432(2010).
https://www.nature.com/news/2010/100721/full/466432a.html

[22] F. Ferrua, A. Aiuti, "Twenty-Five Years of Gene Therapy for ADA-SCID: From Bubble Babies to an Approved Drug," *Hum. Gene Ther.*, **28**, 11(2017).
https://doi.org/10.1089/hum.2017.175

[23] G. Finnegan, "Can CRISPR Feed the World?," *Phys. Org.*, May 18, 2017.
https://phys.org/news/2017-05-crispr-world.html

[24] V. Forster, "CRISPR in Cancer: Not Quite Ready for Clinical Trials," *Cancer Therapy Advisor*, January 24, 2019.
https://www.cancertherapyadvisor.com/lung-cancer/lung-cancer-crispr-not-quite-ready-clinical-trial-use/article/829181/

[25] C. Funk, M. Hefferon, "Public Views of Gene Editing for Babies Depend on How It Would Be Used," Pew Research Center, July 26, 2018.
https://www.pewresearch.org/science/2018/07/26/public-views-of-gene-editing-for-babies-depend-on-how-it-would-be-used/

[26] Y. Gao, et al., "Single Cas9 Nickase Induced Generation of NRAMP1 Knockin Cattle with Reduced Off-target Effects," *Genome Biol.*, **18**, 13 (2017).
https://genomebiology.biomedcentral.com/articles/10.1186/s13059-016-1144-4

[27] B. Gates, "The Deadliest Animal in the World," *GatesNotes*, April 25, 2014.
https://www.gatesnotes.com/Health/Most-Lethal-Animal-Mosquito-Week

[28] C. Geib, "Companies Are Betting on Lab-Grown Meat, But None Know How to Get You to Eat It," *Futurism*, March 16, 2018.
https://futurism.com/companies-lab-grown-meat-none-plans-eat-it

[29] Gene Watch UK, "GM Mosquitoes in Burkina Faso: A Briefing for the Parties to the Cartagena Protocol on

Biosafety," November 2018.

http://www.genewatch.org/uploads/f03c6d66a9b35453 5738483c1c3d49e4/GM_mosquito_report_WEB.pdf

[30] Genetics Home Reference, "Cystic Fibrosis," (accessed February 11, 2020).

https://ghr.nlm.nih.gov/condition/cystic-fibrosis

[31] Genetics Home Reference, "Sickle Cell Disease," (accessed February 11, 2020).

https://ghr.nlm.nih.gov/condition/sickle-cell-disease

[32] Genetics Home Reference, "Huntington Disease," (accessed February 11, 2020).

https://ghr.nlm.nih.gov/condition/huntington-disease

[33] K. Grens, "UC Berkeley Team to Be Awarded CRISPR Patent," *The Scientist*, February 11, 2019.

https://www.the-scientist.com/news-opinion/uc-berkeley-team-to-be-awarded-crispr-patent-65453

[34] A. Hameed, et al., "Applications of New Breeding Technologies for Potato Improvement," *Front. Plant Sci.*, **9**, 925 (2018).

https://doi.org/10.3389/fpls.2018.00925

[35] J. Hegg, "Is Intentional Extinction Ever the Right Thing?," *PLOS Blogs*, July 1, 2016.

https://blogs.plos.org/blog/2016/07/01/is-intentional-extinction-ever-the-right-thing/

[36] B. C. Howard, "Invasive Asian Carp Found Breeding in 'Surprising' Location," *National Geographic*, March 12, 2014.

https://news.nationalgeographic.com/news/2014/03/140311-asian-carp-upper-mississippi-invasive-species-fish/

[37] J. Hsaio, "GMOs and Pesticides: Helpful or Harmful?," Harvard University, August 10, 2015.

http://sitn.hms.harvard.edu/flash/2015/gmos-and-pesticides/

[38] N. Isakov, "Future Perspectives for Cancer Therapy Using the CRISPR Genome Editing Technology," *J. Clin. Cell. Immunol.*, **8**, 3 (2017).

https://doi.org/10.4172/2155-9899.1000e120

[39] R. Jacobsen, "The Epic Patent Battle That Determined CRISPR's Biggest Winners," *Quartz*, 2019.

https://qz.com/1520403/the-epic-patent-battle-that-determined-crisprs-biggest-winners/

[40] "Gene Knockout Using New CRISPR Tool Makes Mosquitoes Highly Resistant to Malaria Parasite," Johns Hopkins, March 8, 2018.

https://www.jhsph.edu/news/news-releases/2018/gene-knockout-using-new-crispr-tool-makes-mosquitoes-highly-resistant-to-malaria-parasite.html

[41] B. Karacay, "Applications That Make the Cut," *Laboratory News*, February 1, 2019.

http://www.labnews.co.uk/article/2024931/applications_that_make_the_cut

[42] H. Ledford, "CRISPR Deployed to Combat Sickle-cell Anaemia," *Nature*, October 12, 2016.

https://www.nature.com/news/crispr-deployed-to-combat-sickle-cell-anaemia-1.20782

[43] J. LeMieux, "He Jiankui's Germline Editing Ethics Article Retracted by The CRISPR Journal," *Genet. Eng. Biotechnol. News*, February 20, 2019.

https://www.genengnews.com/insights/he-jiankuis-germline-editing-ethics-article-retracted-by-the-crispr-journal/

[44] G. Licholai, "CRISPR's Potential and Dangers: Is CRISPR Worth the Risk?," *SciTechDaily*, August 22, 2018.

https://scitechdaily.com/crisprs-potential-and-dangers-is-crispr-worth-the-risk/

[45] A. Lindsay, "Are Genetically Modified Babies Coming Our Way?," *Brainstorm*, February 5, 2019. https://www.rte.ie/eile/brainstorm/2019/0204/1027421-are-genetically-modified-babies-coming-our-way/

[46] P. Mann, "Can Bringing Back Mammoths Help Stop Climate Change?," *Smithsonian Magazine*, May 14, 2018. https://www.smithsonianmag.com/science-nature/can-bringing-back-mammoths-stop-climate-change-180969072/

[47] M. Marshall, "Using CRISPR to Stop Male Calves Being Born May Lower Animal Suffering," *New Sci.*, January 29, 2019. https://www.newscientist.com/article/2192212-using-crispr-to-stop-male-calves-being-born-may-lower-animal-suffering/

[48] J. Mendez, "Cutting Down Malaria with CRISPR: Mosquito Gene Editing as a New Form of Transmission Prevention," *PLOS Research News*, March 12, 2018. http://researchnews.plos.org/2018/03/12/cutting-down-malaria-with-crispr-mosquito-gene-editing-as-a-new-form-of-transmission-prevention/

[49] McGill University, "'CRISPR Babies' : What Does This Mean for Science and Canada?," *Medical Xpress*, January 28, 2019. https://medicalxpress.com/news/2019-01-crispr-babies-science-canada.html

[50] M. McKenna, "Bird Flu Cost the US $3.3 Billion and Worse Could Be Coming," *National Geographic*, July 15, 2015.

https://www.nationalgeographic.com/science/phenomena/2015/07/15/bird-flu-2/

[51] H. Mou, et al., "Precision Cancer Mouse Models Through Genome Editing with CRISPR-Cas9," *Genome Med.*, **7**, 53 (2015). https://doi.org/10.1186/s13073-015-0178-7

[52] Muscular Dystrophy Association, "Duchenne Muscular Dystrophy," https://www.mda.org (accessed February 11, 2020).

[53] National Academy of Medicine and National Academy of Sciences, Criteria for Heritable Germline Editing. https://www.nap.edu/resource/24623/Criteria_for_heritable_germline_editing.pdf

[54] National Cancer Institute, "CAR T Cells: Engineering Patients' Immune Cells to Treat Their Cancers," https://www.cancer.gov/about-cancer/treatment/research/car-t-cells (accessed July 30, 2019).

[55] National Human Genome Research Institute, "Cloning Fact Sheet," https://www.genome.gov/25020028/cloning-fact-sheet/#al-11 (accessed March 21, 2017)

[56] "A CRISPR System to Turn Genes On," *Nature*, December 11, 2017. https://www.nature.com/articles/d41586-017-08472-2

[57] E. Niiler, "Why Gene Editing Is the Next Food Revolution," *National Geographic*, August 10, 2018. https://www.nationalgeographic.com/environment/future-of-food/food-technology-gene-editing/

[58] D. Normile, "Scientist Behind CRISPR Twins

Sharply Criticized in Government Probe, Loses Job," *Science*, January 21, 2019.

https://www.sciencemag.org/news/2019/01/scientist-behind-crispr-twins-sharply-criticized-government-probe-loses-job

[59] Nuffield Council on Bioethics, The Regulatory and Legal Situation of Human Embryo, Gamete and Germ Line Gene Editing Research and Clinical Applications in the People's Republic of China, May 2017.

http://nuffieldbioethics.org/wp-content/uploads/Background-paper-GEHR.pdf

[60] H. Osborne, "Malaria and CRISPR: Gene Editing Causes Complete Collapse of Mosquito Population in 'Major Breakthrough' for Disease Eradication," *Newsweek*, September 24, 2018.

https://www.newsweek.com/malaria-gene-editing-crispr-mosquitoes-1135871

[61] K. A. Oye, et al., "Regulating Gene Drives," *Science*, **345**, 6197, 626 (2014).

http://science.sciencemag.org/content/345/6197/626

[62] E. Packer, "Scientists Demonstrate Effective Strategies for Safeguarding CRISPR Gene-drive Experiments," *Phys. Org.*, January 22, 2019.

https://phys.org/news/2019-01-scientists-effective-strategies-safeguarding-crispr.html

[63] L. Papadopoulos, "World's First Mammal CRISPR/Cas-9 Genetic Inheritance Control Achieved," *Interesting Engineering*, January 26, 2019.

https://interestingengineering.com/worlds-first-mammal-crispr-cas-9-genetic-inheritance-control-achieved

[64] S. Reardon, "Welcome to the CRISPR Zoo," *Nature*, **531**,160 (2016).

https://www.nature.com/news/wolcome-to-the-crispr-zoo-1.19537

[65] A. Regalado, "First Gene-Edited Dogs Reported in China," *MIT Technology Review*, October 19, 2015.

https://www.technologyreview.com/s/542616/first-gene-edited-dogs-reported-in-china/

[66] A. Regalado, "Top U.S. Intelligence Official Calls Gene Editing a WMD Threat," *MIT Technology Review*, February 9, 2016.

https://www.technologyreview.com/s/600774/top-us-intelligence-official-calls-gene-editing-a-wmd-threat/

[67] A. Regalado, "Farmland Gene Editors Want Cows Without Horns, Pigs Without Tails, and Business Without Regulations," *MIT Technology Review*, March 12, 2018.

https://www.technologyreview.com/s/610027/farmland-gene-editors-want-cows-without-horns-pigs-without-tails-and-business-without/

[68] A. Regalado, "China's CRISPR Twins Might Have Had Their Brains Inadvertently Enhanced," *MIT Technology Review*, February 21, 2019.

https://www.technologyreview.com/s/612997/the-crispr-twins-had-their-brains-altered/

[69] J. Revill, "Could CRISPR Be Used as a Biological Weapon?," *Phys. Org.*, August 31, 2017.

https://phys.org/news/2017-08-crispr-biological-weapon.html

[70] T. H. Saey, "In Lab Tests, This Gene Drive Wiped out a Population of Mosquitoes," *ScienceNews*, September 24, 2018.

https://www.sciencenews.org/article/lab-tests-gene-drive-wiped-out-population-mosquitoes

[71] B. Shapiro, "How to Clone a Mammoth: The

Science of De-Extinction," Princeton University Press (2016).

[72] I. Swetlitz, "Researchers to Release Genetically Engineered Mosquitoes in Africa for First Time," *Scientific American*, September 5, 2018.
https://www.scientificamerican.com/article/researchers-to-release-genetically-engineered-mosquitoes-in-africa-for-first-time/

[73] B. Switek, "How to Resurrect Lost Species: Genetic Experiments Could Bring Back Extinct Animals," *National Geographic*, March 11, 2013.
https://news.nationalgeographic.com/news/2013/13/130310-extinct-species-cloning-deextinction-genetics-science/

[74] A. P. Taylor, "Companies Use CRISPR to Improve Crops," *The Scientist*, January 31, 2019.
https://www.the-scientist.com/bio-business/companies-use-crispr-to-improve-crops-65362

[75] L. P. Toe, "Burkina Faso Is Getting Ready for Its Next Stage of Research – Sterile Male Mosquito Release," Target Malaria, November 23, 2018.
https://targetmalaria.org/burkina-faso-is-getting-ready-for-its-next-stage-of-research-sterile-male-mosquito-release/

[76] M. Tontonoz, "CRISPR Genome-Editing Tool Takes Cancer Immunotherapy to the Next Level," Memorial Sloan Kettering Cancer Center, February 22, 2017.
https://www.mskcc.org/blog/crispr-genome-editing-tool-takes-cancer-immunotherapy-next-level

[77] J. Ubellacker, "Buckle Up for Gene Drives of the Future!," Harvard University, June 11, 2018.
http://sitn.hms.harvard.edu/flash/2018/buckle-gene-drives-future/

[78] C. Wanjek, "How Close Are We, Really, to Curing Cancer with CRISPR?," *Live Science*, July 29, 2018.
https://www.livescience.com/63192-curing-cancer-crispr.html

[79] A.-L. Xia, et al., "Applications and Advances of CRISPR-Cas9 in Cancer Immunotherapy," *J. Med. Genet.*, **56**, 4 (2019).
http://dx.doi.org/10.1136/jmedgenet-2018-105422

[80] A. Yeager, "Electric Shock Allows for CRISPR Gene Editing Without a Viral Vector," *The Scientist*, July 12, 2018.
https://www.the-scientist.com/news-opinion/electric-shock-allows-for-crispr-gene-editing-without-a-viral-vector-64489

[81] C. Zimmer, "She Has Her Mother's Laugh: The Powers, Perversions, and Potential of Heredity," Dutton (2018).

もっと詳しく知りたい人への読書・情報案内

本

[1] Larry Gonick, Mark Wheelis, "The Cartoon Guide to Genetics," HarperResource (1991). [日本語版：ラリー・ゴニック，マーク・ホイーリス著，吉永良正訳，『漫画　分子遺伝学が驚異的によくわかる』，白揚社 (1994)]

[2] 生田哲著，『ビックリするほど遺伝子工学がわかる本：遺伝子診断から難病の治療薬，クローン，出生前診断，再生医療の可能性まで』，サイエンス・アイ新書，SB クリエイティブ (2015).

[3] Jennifer A. Doudna, Samuel H. Sternberg, "A Crack in Creation: Gene Editing and the Unthinkable Power to Control Evolution," Houghton Mifflin Harcourt (2017). [日本語版：ジェニファー・ダウドナ，サミュエル・スターンバーグ著，櫻井祐子訳，須田桃子解説，『CRISPR：究極の遺伝子編集技術の発見』，文藝春秋 (2017)]

[4] 石井哲也著，『ヒトの遺伝子改変はどこまで許されるのか：ゲノム編集の光と影』，イースト・プレス (2017).

[5] 石井哲也著，『ゲノム編集を問う：作物からヒトまで』，岩波新書，岩波書店 (2017).

[6] ポール・ノフラー著，中山潤一訳，『デザイナー・ベビー：ゲノム編集によって迫られる選択』，丸善出版 (2017).

[7] 小林雅一著，『ゲノム編集からはじまる新世界：超先端バイオ技術がヒトとビジネスを変える』，朝日新聞出版 (2018).

[8] 粥川準二著，『ゲノム編集と細胞政治の誕生』，青土社 (2018).

[9] ジョン・パリントン著，野島博訳，『生命の再設計は可能か：ゲノム編集が世界を激変させる』，化学同人 (2018).

[10] Carl Zimmer, "She Has Her Mother's Laugh: The Powers, Perversions, and Potential of Heredity," Dutton (2018).

[11] Jamie Metzl, "Hacking Darwin: Genetic Engineering and the Future of Humanity," Sourcebooks (2019).

[12] 青野由利著，『ゲノム編集の光と闇：人類の未来に何をもたらすか』，筑摩書房 (2019).

[13] 宮岡佑一郎著，『今日からモノ知りシリーズ　トコトンやさしいゲノム編集の本』，日刊工業新聞社 (2019).

[14] 三上直之，立川雅司著，『「ゲノム編集作物」を話し合う』，ひつじ書房 (2019).

[15] ネッサ・キャリー著，中山潤一訳，『動き始めたゲノム編集：食・医療・生殖の未来はどう変わる?』，丸善出版 (2020).

[16] 山本卓著，『ゲノム編集とはなにか：「DNA のハサミ」クリスパーで生命科学はどう変わるのか』，ブルーバックス，講談社 (2020).

[17] 松永和記著，『ゲノム編集食品が変える食の未来』，ウェッジ (2020).

[18] 坪子理美，石井健一著，『遺伝子命名物語：名前に秘められた生物学のドラマ』，中公新書ラクレ，中央公論新社 (2021).

[19] クラウディア・フランドリ著，山崎瑞花訳，山内豊明監修，『まんがでわかる　みんなの遺伝子の謎』，西村書店 (2021).

[20] 西尾剛著，『図解でよくわかる 品種・育種のきほん：世界に誇れる日本の品種，その作出から遺伝子組換え，ゲノム編集，夢の植物まで』，誠文堂新光社 (2022).

[21] ケヴィン・デイヴィス著，田中文訳，『ゲノム編集の世紀：「クリスパー革命」は人類をどこまで変えるのか』，早川書房 (2022).

[22] 平野博之著，『物語 遺伝学の歴史：メンデルから DNA、ゲノム編集まで』，中公新書，中央公論新社 (2022).

ドキュメンタリー

[1] Unnatural Selection, Directed by Joe Egender and Leeor Kaufman, Netflix (2019).[日本語版：ジョー・エジェンダー，リーオア・カウフマン監督，「不自然淘汰：ゲノム編集がもたらす未来」（ドキュメンタリーシリーズ，全 4 回），Netflix（2019）]

[2] Human Nature, Directed by Adam Bolt, The Wonder Collaborative（2020）.

TED トーク

[1] Jennifer Doudna, "How CRISPR lets us edit our DNA," September 2015.
https://www.ted.com/talks/jennifer_doudna_how_CRISPR_lets_us_edit_our_dna
[日本語字幕版：ジェニファー・ダウドナ，「DNA 編集が可能な時代、使い方は慎重に」2015 年 9 月（TEDGlobal>London）]
https://www.ted.com/talks/jennifer_doudna_how_CRISPR_lets_us_edit_our_dna?language=ja&subtitle=ja

[2] Andrea Henle, "How CRISPR lets you edit DNA," January 2019.
https://www.ted.com/talks/andrea_m_henle_how_CRISPR_lets_you_edit_dna
[日本語字幕版：「CRISPR を用いた DNA 編集の方法」アンドレア・M・ヘンリ，2019 年 1 月（TED-Ed）]
https://www.ted.com/talks/andrea_m_henle_how_CRISPR_lets_you_edit_dna?language=ja&subtitle=ja

[3] Ellen Jorgensen, "What you need to know about CRISPR." June 2016.
https://www.ted.com/talks/ellen_jorgensen_what_you_need_to_know_about_CRISPR

[日本語字幕版：エレン・ヨルゲンセン，「CRISPR について、みんなが知るべきこと」，2016 年 6 月（TEDSummit）]
https://www.ted.com/talks/ellen_jorgensen_what_you_need_to_know_about_CRISPR?language=ja&subtitle=ja

ウェブサイト

[1] 「The Genetic Literacy Project」では，人間の遺伝学についての最新情報を，引用元や参考文献へのリンクつきで掲載しています〔英語サイト〕.
https://geneticliteracyproject.org/
このサイトの検索エンジン〔「SEARCH」メニュー〕で「CRISPR」と入力するか，「MENU」から「Human Gene Editing」のページを開いてみてください.

[2] CRISPR の概要を知るには，「Vox」〔ニュースサイト〕のこの記事が最初の一歩としておすすめです. 動画もあります〔英語サイト〕.
https://www.vox.com/2018/7/23/17594864/CRISPR-cas9-gene-editing

[3] 第 34 回 いま注目の最先端研究・技術探検! 中高生と"いのちの不思議"を考える——生命科学 DOKIDOKI 研究室「医療・創薬から食料・エネルギー生産まで、ゲノム編集が世界を変える !?」テルモ生命科学振興財団〔日本語サイト〕
https://www.terumozaidan.or.jp/labo/technology/34/index.html

[4] 「ゲノム編集教材の開発」リバネス〔日本語サイト〕
https://lne.st/business/genome-sip/

さくいん

アルファベット

A

AIDS ・・・・・・・・ 57

B

B 細胞 ・・・・・・・・ 53

C

Cas ・・・・・・・・・ 16
Cas9 ・・・・・・・・・ 15
CRISPR ・・・・・・・ 13
CRISPR-Cas9 ・・・・・・・ 12

D

DMD ・・・・・・・・ 33
DNA ・・・・・・・・・ 3

E

ES 細胞 ・・・・・・・・ 30

F

Flavr Savr ・・・・・・・ 12

G

GMO ・・・・・・・・ 19
gRNA ・・・・・・・・ 16

H

HIV ・・・・・・・ 56,57

M

mRNA ・・・・・・・・ 6

R

RNA ・・・・・・・・・ 6

T

T 細胞 ・・・・・・・ 52,53

かな

あ

アクリルアミド ・・・・・・ 65
アミノ酸 ・・・・・・・・ 6

い

遺伝・・・・・・・・・ 8
遺伝カウンセリングと遺伝子検査・・ 61
遺伝子・・・・・・・・ 2,6
遺伝子組換え食品・・・・・ 11
遺伝子組換え生物・・・・・ 19
遺伝子工学・・・・・・・ 11
遺伝子導入・・・・・・・ 14
遺伝子ドライブ ・・・・ 37,40
遺伝子編集・・・・・・ 1,10,19
インフォームド・コンセント ・・ 107
インフルエンザ ・・・・・・ 81

う

ウイルス ・・・・・・・ 15

え

塩基対・・・・・・・・ 3,4

お

オフターゲット編集・・・・・ 31

か

ガイド RNA ・・・・・・・ 16

回文・・・・・・・・・ 14
核・・・・・・・・・ 2
家畜化・・・・・・ 11
鎌状赤血球形質・・・・・・ 24
鎌状赤血球貧血症・・・・・・ 22
がん・・・・・・・・ 49
幹細胞・・・・・ 23
幹細胞移植・・・・・ 28

き

キャリア ・・・・・・ 24
拒絶反応・・・・・・ 28
筋肉・・・・・・・・ 80

く

クローン ・・・・・・・・・ 8

け

形質・・・・・・・ 7
ケナガマンモス ・・・・・・ 89
ゲノム・・・・・・・ 2
ゲノム編集 ・・・・・・ 19
顕性・・・・・・・・ 7

こ

コード領域 ・・・・・・・ 8
酵素・・・・・・・・・ 6
交配・・・・・・・・・ 7,13
交配育種・・・・・・ 65
コドン ・・・・・・・・ 4

さ

細菌・・・・・・・・ 13
栽培・・・・・・・・ 11
細胞・・・・・・・・ 2
雑種・・・・・・・・ 13

し

自然選択・・・・・・・・ 46
腫瘍・・・・・・・・ 50
受容体・・・・・・ 53
常染色体・・・・・・ 8
進化・・・・・・・・ 46

す

滑りやすい坂道・・・・・ 20,32

せ

精子・・・・・・・・ 8
生殖系列細胞・・・・・ 30
生殖細胞・・・・・・ 30
性染色体・・・・・・ 8
生物兵器・・・・・・ 55
染色体・・・・・・ 3,8
潜性・・・・・・・・ 7
選抜育種・・・・・・ 12

そ

ソラニン ・・・・・・ 66

た

体外受精・・・・・・・ 20

体細胞・・・・・ 30
代理母・・・・・・ 97
ダーウィン，チャールズ・・・ 47
単一遺伝子疾患・・・・・ 22
タンパク質 ・・・・・・ 6

ち

着床前遺伝子診断・・・・・ 109

て

低温糖化・・・・・ 65
デオキシリボ核酸 ・・・・ 3
デザイナーベビー ・・・・・ 102
デュシェンヌ型筋ジストロフィー症・・ 33
転写・・・・・・・・・ 6

と

動物福祉・・・・・・・ 78
突然変異体・・・・・・ 35
ドナー・・・・・・・ 28
トランスジェニック ・・・・ 19

に

二重らせん ・・・・・・ 3
二本鎖・・・・・・・ 3

ぬ

ヌクレアーゼ ・・・・・・ 16
ヌクレオチド ・・・・・・ 3

の

囊胞性線維症　　　　　33

ノックアウト ・・・・・・・ 39
ノンコーディング領域 ・・・・ 8

は

バイオテクノロジー ・・・・ 60
胚性幹細胞・・・・・・・・ 30
ハイブリッド・・・・・・・ 13
培養肉・・・・・・・・・・ 83
配列・・・・・・・・・ 14
ハツカネズミ ・・・・・ 31
発現・・・・・・・・・・ 51
ハンチントン病 ・・・・・ 33

ひ

非コード領域 ・・・・・・・ 8
ヒト免疫不全ウイルス ・・・ 57

ふ

不妊治療・・・・・・・・ 108

ノレイバー・セイバー・・・・ 12
プロモーター ・・・・・・・ 51

へ

ペット ・・・・・・・・ 88
ヘモグロビン ・・・・・・・ 22
ヘリカーゼ ・・・・・・ 16
変異・・・・・・・・・・ 21

ほ

保因者・・・・・・・・ 24
放射線・・・・・・・・ 13
翻訳・・・・・・・・・・ 6

ま

マイクロブタ ・・・・・・・ 89
マウス ・・・・・・・・ 2,31
マラリア ・・・・・・ 25,35

み

ミオスタチン ・・・・・・・ 80

め

メッセンジャー RNA ・・・・・ 6
免疫系・・・・・・・・・ 15
免疫療法・・・・・・・・ 52
メンデル ・・・・・・・・ 7

も

モデル ・・・・・・・・ 51

ら

卵・・・・・・・・・・ 8

り

臨床試験・・・・・・・・ 31

著者紹介

ヨローナ・リッジ（Yolanda Ridge）

児童文学作家．以前は遺伝カウンセラーとして働いていた．カナダのブリティッシュコロンビア州ロスランド在住．

アレックス・ボーズマ（Alex Boersma）

アメリカのイリノイ州シカゴを拠点とする科学イラストレーター兼デザイナー．

訳者紹介

坪子 理美（つぼこ さとみ）

翻訳者．1986年栃木県生まれ．東京大学理学部生物学科卒業，同大学院理学系研究科生物科学専攻博士課程修了．東京大学ライフイノベーション・リーディング大学院修了．博士（理学）．共著に『遺伝子命名物語──名前に秘められた生物学のドラマ』（中央公論新社），寄稿に『アカデミアを離れてみたら──博士，道なき道をゆく』（岩波書店）など．訳書に『クジラの海をゆく探究者〈ハンター〉たち──『白鯨』でひもとく海の自然史』（リチャード・J・キング著，慶應義塾大学出版会），『悪魔の細菌──超多剤耐性菌から夫を救った科学者の戦い』（ステファニー・ストラスディー，トーマス・パターソン著,中央公論新社），『なぜ科学はストーリーを必要としているのか──ハリウッドに学んだ伝える技術』（ランディ・オルソン著，慶應義塾大学出版会），『性と愛の脳科学──新たな愛の物語』（ラリー・ヤング，ブライアン・アレグザンダー著, 中央公論新社）など．

CRISPR〈クリスパー〉ってなんだろう？ ── 14歳からわかる遺伝子編集の倫理

2023年8月20日　第1版　第1刷　発行

訳　者　坪子理美
発行者　曽根良介
発行所　（株）化学同人

〒600-8074 京都市下京区仏光寺通柳馬場西入ル
編集部 TEL 075-352-3711　FAX 075-352-0371
営業部 TEL 075-352-3373　FAX 075-351-8301
振替 01010-7-5702
e-mail　webmaster@kagakudojin.co.jp
URL　https://www.kagakudojin.co.jp
印刷・製本　（株）シナノパブリッシングプレス

検印廃止